ARBEITSGEMEINSCHAFT FÜR FORSCHUNG
DES LANDES NORDRHEIN-WESTFALEN

GEISTESWISSENSCHAFTEN

JAHRESFEIER
AM 8. MAI 1963
IN DÜSSELDORF

ARBEITSGEMEINSCHAFT FÜR FORSCHUNG
DES LANDES NORDRHEIN-WESTFALEN

GEISTESWISSENSCHAFTEN

HEFT 119

Ansprache des Ministerpräsidenten Dr. Franz Meyers

THEODOR SCHIEDER

Der Nationalstaat in Europa
als historisches Phänomen

HERAUSGEGEBEN
IM AUFTRAGE DES MINISTERPRÄSIDENTEN Dr. FRANZ MEYERS
VON STAATSSEKRETÄR PROFESSOR Dr. h. c., Dr. E. h. LEO BRANDT

Ansprache des Ministerpräsidenten
Dr. Franz Meyers

THEODOR SCHIEDER

Der Nationalstaat in Europa
als historisches Phänomen

SPRINGER FACHMEDIEN WIESBADEN GMBH

ISBN 978-3-322-98117-2   ISBN 978-3-322-98776-1 (eBook)
DOI 10.1007/978-3-322-98776-1

© 1964 by Springer Fachmedien Wiesbaden
Ursprünglich erschienen bei Westdeutscher Verlag, Koln und Opladen 1964

Ansprache
des Ministerpräsidenten Dr. Franz Meyers

Ich freue mich aufrichtig, Sie heute zur 13. Jahresfeier unserer Arbeitsgemeinschaft für Forschung in unserem Karl-Arnold-Haus, dem Haus der Wissenschaften, in Düsseldorf begrüßen zu können.

Als die AGF vor 13 Jahren gegründet wurde, begann das Wirtschaftsleben in der Bundesrepublik erst mit zaghaften Versuchen. Inmitten aller Sorgen um die Sicherstellung der Ernährung, um die Förderung der Kohle als so dringend benötigter Grundlage für die Industrie und die Wiederanknüpfung außenpolitischer Beziehungen, vor allem zu unseren Nachbarländern, hat mein Vorgänger Karl Arnold damals erkannt und immer wieder vertreten, daß die Regierung eines deutschen Landes einen Teil der Mühen den Problemen der Forschung zu widmen habe. Er ging dabei nicht nur von dem Gesichtspunkt aus, daß die Forschung uns das Brot in späteren Jahren sichert; er betonte ganz besonders die Notwendigkeit der Hilfe für die Geisteswissenschaften als Bekenntnis zu den bedeutenden Kräften des Geistes, als ein Beitrag zur Stärkung der Gesittung und einer Gesinnung, die anknüpft an die Achtung vor den Großtaten des freien Geistes.

Die geisteswissenschaftliche Abteilung unserer AGF hat bisher fruchtbare Arbeit geleistet. Gelehrte aus unserem Lande, aus dem weiteren Deutschland und auch aus dem Ausland haben in freier Rede und Gegenrede ihre Auffassungen vertreten und dieses Haus zu einem Platz der Begegnung der verschiedensten Ansichten und des vermittelnden Gesprächs gemacht. Theologen beider Konfessionen, Philosophen, Historiker, Juristen, Wirtschaftswissenschaftler, Geographen und Kunsthistoriker haben uns durch Veröffentlichungen und wissenschaftliche Abhandlungen einen Einblick tun lassen in die vielfältigen Strömungen unserer Zeit und dieser Welt.

Daß in der Zeit der Gründung der Gedanke an die naturwissenschaftlich-technische Forschung die Verantwortlichen sehr bewegte, ergibt sich aus der damaligen allgemeinen Lage. Aber von dem Durchdenken der Probleme bis zum Handeln war ein weiter Weg. War doch auf den wichtigsten Gebieten der modernen Naturwissenschaft und Technik jede Betätigung verboten.

Weder an unseren Hochschulen noch in der Industrie durfte auf dem weiten Feld der Atomwissenschaften, der Luftfahrttechnik, der Gasturbinen, der Radartechnik und der modernen Navigationsverfahren gearbeitet werden. Unsere Gelehrten dieser Fachgebiete, auf denen wir doch Bedeutendes geleistet hatten – denken wir nur an die gerade in diesem Kreise häufig mitwirkende und besonders bekannte Persönlichkeit von Otto Hahn –, waren tief bedrückt. Die Zeit eilte mit Riesenschritten dahin, im Ausland entstanden die Forschungsstätten in früher niemals angenommenem Ausmaß. Nicht nur unsere Gelehrten, sondern auch der Nachwuchs wurden ungeduldig. Die Jungen drängten sich zu den ganz neuen Gebieten. Wie ein Teil ihrer Lehrer sahen sie nur noch den Weg, ins Ausland zu gehen, weil sie annehmen mußten, allein dort die modernen Erkenntnisse zu erlangen. Da wurde uns eine unerwartete Hilfe zuteil: viele unserer großen Gelehrten, die in den unglücklichen 12 Jahren vertrieben worden waren, kamen zu uns zurück – als Gäste oder für dauernd – und halfen bei der Wiederanknüpfung der Beziehungen mit dem Ausland. Schließlich fielen auch die Forschungsverbote, und die Arbeit auf allen Gebieten konnte beginnen.

Karl Arnolds Weitblick hat uns in Nordrhein-Westfalen den Start wesentlich erleichtert. Die AGF war ja in ihrem ersten Kern von ihm gegründet worden zum Zweck der Beratung der Landesregierung und der soeben gegründeten Bundesregierung hinsichtlich der Frage, welche Konsequenzen die damaligen Forschungsverbote mit sich brächten.

Ich sprach von unseren Startbedingungen. Sie waren – verglichen mit denen in anderen deutschen Ländern – nicht die allerbesten. Einige Länder konnten einen großen Teil der Kaiser-Wilhelm-Institute in ihrem Gebiet aufweisen und diese ausbauen. Wir waren sehr glücklich, daß wir die altanerkannten Max-Planck-Institute für Kohlenforschung, für Eisenforschung und für Arbeitsphysiologie bei uns hatten.

Neu gegründet wurden noch die Institute für Züchtungsforschung und für Kernforschung, aber die großen Schwerpunkte der Max-Planck-Gesellschaft erwuchsen aus historischen Bedingungen an anderen Stellen. Damals schlug die Arbeitsgemeinschaft für Forschung der Landesregierung die Wiederbegründung oder Begründung anderer bedeutender Forschungsanstalten vor. Ich sprach über die Bedeutung des geistigen Austausches mit den Wissenschaftlern des Auslandes, und ich erwähnte besonders unsere Nachbarländer. Sie finden in den Ihnen heute übergebenen Schriften der AGF auch das Jahresprogramm bis zum 1. April 1964. Ich habe vor zwei Jahren angekündigt, daß regelmäßig ein Jahresprogramm vorgelegt wird. Das des vergangenen

Jahres ist – ich darf wohl sagen – mit Erfolg abgewickelt worden. Ich bin froh, daß in dem neuen Jahresprogramm wieder bedeutende Gelehrte des Auslandes, nicht zuletzt aus Frankreich, England und Holland, zu Wort kommen.

Heute haben wir die Freude, den Präsidenten des Rates für wissenschaftliche Forschung der Republik Südafrika, Herrn Prof. Naudé, unter uns zu begrüßen, der einige Jahre seiner glänzenden wissenschaftlichen Laufbahn in unserer, von Helmholtz begründeten Physikalisch-Technischen Reichsanstalt verbracht hat. Ich freue mich sehr, Herr Professor Naudé, daß Sie heute in acht Tagen auch zu uns sprechen werden, und wir sind Ihnen aufrichtig dankbar, daß Sie gern nach Deutschland zurückkehren.

Wie wir im Feld der menschlichen Haltung zum Mitmenschen und zum Leben der Allgemeinheit immer wachsam sein müssen, so müssen wir uns auch der Tatsache bewußt sein, daß die Förderung des anderen großen Gebietes, der Naturwissenschaften und der Technik, nicht nur gleichbleibend harte, sondern ständig sich in geradezu ungewöhnlichem Maße steigernde, ich möchte fast sagen sich überschlagende Anforderungen stellt. Ein Atomforschungszentrum, einmal für 80 Millionen DM geplant, kostet heute 600 Millionen DM. Im einzelnen gibt es noch größere Kostensteigerungen. Die Forschung, früher im wesentlichen gefördert aus dem Empfinden, daß der Staat als ein nobile offizium etwas für seine Gelehrten tun sollte, verlangt heute Mittel, die auf das schwerwiegendste in den Haushalten aller Regierungen der Welt als großer Finanzblock zum Ausdruck kommen.

Die aufzuwendenden Mittel für die Forschung rechtfertigen sich allein dadurch, daß die Forschung das einzige Reservoir für die Weiterentwicklung des wirtschaftlichen Fortschritts und die Erhaltung des Wohlstandes ist. Die Forschung ist aber noch weit mehr: sie ist allein die Quelle, aus der wir jene wirtschaftlichen Kräfte schöpfen können, mit denen wir unseren Beitrag für den Aufbau der übrigen Welt in Afrika, Asien und Südamerika leisten können.

Die wissenschaftliche Forschung muß sich in Freiheit entfalten können! Nur aus dieser Erkenntnis können Wert und Möglichkeiten freier wissenschaftlicher Arbeit und Ausbildung auf allen Gebieten verstanden werden. Die staatlichen und politischen Organe respektieren diese Freiheit der Forschung in vollem Umfang. Sie sehen ihre, allerdings wesentliche Aufgabe darin, bei allen Maßnahmen, die zur Förderung der Forschung ergriffen werden, Lösungen anzustreben, die der freien Entwicklung der Forschungsarbeiten Raum geben. Das Verhältnis des Staates zur Forschung wird daher stets durch die Bereitstellung erheblicher Mittel für Forschungszwecke bestimmt sein, um ihr Entfaltungsmöglichkeiten zu eröffnen. Durch die Festlegung eines wesentlichen Teils des Sozialprodukts in Form von Steuergeldern trägt unmittelbar die Allgemeinheit zur Forschung bei. Es ist selbstverständlich, daß die Allgemeinheit deswegen auch Anspruch auf eine zweckentsprechende Verwendung der Forschungsmittel haben muß. Dem wird in gewissem Umfang auch durch die Publikationen der AGF Rechnung getragen.

Ich will hier aber noch etwas anderes deutlich unterstreichen: Wir brauchen die Forschung auf zahlreichen Gebieten, weil uns das Industrieland an Rhein und Ruhr größere Verpflichtungen für unsere Bevölkerung auferlegt, als das vielleicht in anderen Bundesländern der Fall sein mag. Eine solche aktive Beteiligung der Arbeitsgemeinschaft für Forschung an der wissenschaftlichen Entwicklung in unserem Land setzt voraus, daß auch die äußeren Voraussetzungen für eine Mobilisierung der geistigen Kräfte, die in der Arbeitsgemeinschaft für Forschung vereint sind, so günstig wie möglich gestaltet werden. Dazu gehört auch, daß der Arbeitsgemeinschaft für Forschung endlich eine rechtliche Daseinsform verliehen wird, die der spezifischen Eigenart dieser Gemeinschaft gerecht wird und ihre harmonische Einfügung in das organisatorische Gefüge unseres Landes sicherstellt. Die Arbeitsgemeinschaft für Forschung, die noch aus der Zeit ihrer Gründung die Rechtsform eines nicht eingetragenen Vereins bürgerlichen Rechts besitzt, und zwar ohne daß eine Vereinssatzung schriftlich fixiert wäre, bedarf einer neuen und ihr gemäßen Satzung. Die neue Satzung berücksichtigt die umfangreichen Vorarbeiten, die von Mitgliedern der Arbeitsgemeinschaft für Forschung geleistet worden sind und die in schriftlichen Anregungen, in Denkschriften und formulierten Satzungsvorschlägen ihren Niederschlag gefunden haben. Die Satzung berücksichtigt aber auch die Erfahrungen, die mit vergleichbaren Regelungen in der Praxis des Landes bereits gewonnen werden konnten. Ich will es mir versagen, an dieser Stelle den Wortlaut der Satzung im einzelnen bekanntzugeben. Ein Abdruck wird allen Mitgliedern der Arbeitsgemeinschaft in den nächsten Tagen zugehen. Lassen Sie mich an dieser Stelle nur einige der tragenden Grundsätze vor Ihnen ausbreiten, damit dadurch zugleich auch unseren heute hier anwesenden Gästen deutlich wird, in welchem Geiste und mit welcher Zielsetzung wir unsere gemeinsame Aufgabe in der Arbeitsgemeinschaft für Forschung des Landes Nordrhein-Westfalen erfüllen wollen.

Es versteht sich von selbst, daß die Arbeitsgemeinschaft für Forschung der

Wissenschaft und dem Austausch wissenschaftlicher Erkenntnisse in unserem Land und darüber hinaus in der Bundesrepublik und in der gesamten freien Welt dienen soll. Die Arbeitsgemeinschaft möchte diese Aufgabe, die sie mit zahlreichen anderen ehrwürdigen wissenschaftlichen Einrichtungen teilt, jedoch in einer besonderen Art und Weise erfüllen, indem sie nämlich in ihren Reihen eine gewisse Synthese von Wissenschaft, Staat und Gesellschaft verwirklicht. Daß Wissenschaft, Staat und Gesellschaft aufeinander angewiesen sind und sich gegenseitig weitgehend bedingen, ist heute allgemeine Überzeugung. Hier setzt die spezifische Aufgabe der Arbeitsgemeinschaft für Forschung ein. Sie will in ihren Reihen den Wissenschaftler, den Politiker und den führenden Mann aus Staat und Gesellschaft zu einem regelmäßigen Gedankenaustausch zusammenführen; sie will auf diese Weise sicherstellen, daß jeder die Sorgen und Probleme des anderen aus unmittelbarer Darlegung kennenlernt und gleichzeitig dazu aufgerufen wird, an ihrer Bewältigung ernsthaft mitzuarbeiten. Ich brauche in diesen Tagen, wo unser aller Gedanken und Sorgen der spannungsgeladenen Auseinandersetzung zwischen Arbeitgebern und Arbeitnehmern in einem bedeutsamen Bereich unserer Wirtschaft gelten, nicht näher darzulegen, von welcher entscheidenden Bedeutung es unter Umständen sein kann, daß durch eine ständige Einrichtung dafür Sorge getragen wird, daß möglichst viele der auf uns zukommenden politischen, wirtschaftlichen und gesellschaftlichen Probleme so frühzeitig wie möglich und so ausgiebig wie möglich von hervorragenden Vertretern der Politik, der Wirtschaft, des Staates und der Gesellschaft in der ruhigen und sachlichen Atmosphäre wissenschaftlicher Argumentationen erörtert werden können.

Da es sich hierbei um eine öffentliche Aufgabe im besten Sinne dieses Wortes handelt, stellt die neue Satzung demzufolge fest, daß die Arbeitsgemeinschaft für Forschung als Einrichtung des Landes eine Körperschaft ohne eigene Rechtsfähigkeit ist.

Entsprechend der dargelegten spezifischen Zielsetzung hat die Arbeitsgemeinschaft neben einer kleinen Zahl von Ehrenmitgliedern wissenschaftliche Mitglieder und Mitglieder, die die Öffentlichkeit vertreten. Die wissenschaftlichen Mitglieder, deren Höchstzahl einer Beschränkung unterliegt, gliedern sich in die Geisteswissenschaftliche und die Natur- und Ingenieurwissenschaftliche Sektion. Die Mitglieder, die die Öffentlichkeit vertreten, schließen sich jeweils einer dieser beiden Sektionen an. Das wissenschaftliche Leben der Arbeitsgemeinschaft für Forschung spielt sich schwerpunktmäßig in den beiden Sektionen ab. Beide Sektionen vereint bilden das Kollegium, die Vollversammlung der Arbeitsgemeinschaft, die ihr oberstes Organ ist. Die laufenden Geschäfte der Arbeitsgemeinschaft führt das Präsidium, ein siebenköpfiges Gremium, von dem auch das Vermögen der Arbeitsgemeinschaft für Forschung verwaltet wird, dessen Substanz durch Zuwendungen des Landes sichergestellt wird. Das Vermögen der Arbeitsgemeinschaft für Forschung wird im Haushalt des Ministerpräsidenten als Sondervermögen des Landes ausgewiesen.

Ich brauche nicht besonders zu betonen, daß die Arbeitsgemeinschaft für Forschung bei der Erfüllung ihrer wissenschaftlichen Aufgaben völlig frei ist. Ich bin mir völlig darüber klar, daß eine bestimmte Rechtsform noch nichts darüber aussagt, ob sich diese Form auch wirklich mit blühendem Leben erfüllt. Das hängt allein von den Menschen ab, die sich dieser Form bedienen. Die rechtliche Gestaltung selbst kann jedoch, wenn sie gut durchdacht ist, bei mancher Gelegenheit eine nützliche Hilfe sein und gleichzeitig auch im schnellen Fluß der Entwicklung ein wenig deren Lauf und Richtung bestimmen. Ich hoffe sehr, daß die neue Satzung der Arbeitsgemeinschaft für Forschung diesen Aufgaben gerecht werden möge. Ob diese Erwartung sich in vollem Maße erfüllt, wird nur die künftige Praxis erweisen können. Deshalb sollen mit der neuen Satzung in den nächsten zwei Jahren praktische Erfahrungen gesammelt werden. Zeigt sich dann, daß an der einen oder anderen Stelle eine Änderung wünschenswert wäre, so wird sie vorgenommen werden. Die neue Satzung ist als ein schützendes und stützendes rechtliches Gewand für die Arbeitsgemeinschaft für Forschung gedacht. Niemals soll und wird daraus eine Art rechtlicher Zwangsjacke werden.

Der Vortrag, den anschließend Herr Professor Quick halten wird, führt uns mitten hinein in eines der auch in unserer Öffentlichkeit durchaus umstrittenen neuen Gebiete der naturwissenschaftlich-technischen Forschung. Er wird uns gleich Beispiele bringen, welche Kettenauswirkungen die Raumfahrtindustrie für alle anderen Zweige der Industrie mit sich gebracht hat. Wir können es Amerika und Rußland nicht gleichtun, aber wir haben ein gutes Beispiel europäischer Zusammenarbeit. England, Frankreich und Deutschland und noch einige andere Länder haben sich entschlossen, gemeinsam eine Dreistufen-Rakete zu entwickeln, die einen Satelliten in eine Umlaufbahn um die Erde bringen soll. Die Engländer entwickeln die erste Stufe, „Blue Streak", die Franzosen die zweite Stufe, „Véronique", und wir Deutschen entwickeln neu die dritte Stufe. Damit ist die Möglichkeit einer Mitarbeit auf diesem modernsten Gebiet der Forschung und der Ingenieurtätigkeit gegeben, und das mit vertretbaren finanziellen Mitteln und in dem Bewußtsein eines menschlich erfreulichen Kontaktes mit den Technikern und Wissenschaftlern der Nachbarländer.

Ich möchte auch jetzt schon meiner Freude darüber Ausdruck geben, daß der Rektor unserer Universität Köln, Seine Magnifizenz Professor Dr. Schieder, über ein Thema sprechen wird, das ebenfalls unsere ganz besondere Aufmerksamkeit finden wird: „Der europäische Nationalstaat als historisches Phänomen". Hier werden sicherlich Gedanken angesprochen werden, die uns aus der Übersteigerung der nationalstaatlichen Idee hinführen werden zu der Erkenntnis, daß wir Vergangenes überwinden müssen, daß die Zusammenarbeit mit dem Ausland auf so vielen Gebieten unseres Daseins auch für unser Volk lebensnotwendig ist. Auch die großen Aufgaben der Forschung lassen sich nicht in der nationalen Isolierung lösen. Nur durch Austausch von Forschungsergebnissen von Land zu Land und in gemeinsamer Arbeit wird das gesteckte Ziel schneller erreicht werden können. Wenn sich die westliche Welt auf der gemeinsamen Basis der Freiheit zusammenfindet, dann werden die Aufgaben, die uns die Zukunft stellt, gelöst werden können.

Der Nationalstaat in Europa als historisches Phänomen

Von *Theodor Schieder*, Köln

Die Geschichte des Nationalstaats in Europa wurde bis in unsere Tage von allen europäischen Völkern nicht als ein universalhistorischer Prozeß, sondern in ihrer nationalen Vereinzelung dargestellt und gedeutet. Eine eigene Nation zu werden, sich einen unabhängigen Nationalstaat zu schaffen, galt für jedes europäische Volk als *ein*, wenn nicht *das* geschichtliche Hochziel, dessen Verwirklichung politischen Enthusiasmus erzeugte und die politische und historische Phantasie zur Schöpfung zahlreicher nationaler Legenden anregte. Die Einsicht, daß der Zug der Tausend unter Garibaldi nach Sizilien, die Schlacht von Sedan, aber auch die Umwälzungen von 1918/19 in Prag, Riga oder die Ereignisse in Helsinki im Grunde der gleichen Geschichtsstunde angehörten, ist noch kaum ins Bewußtsein getreten. Es wurde nur von wenigen – und meist von den Gegnern der nationalen Entwicklung – erkannt, daß die Geschichte des Nationalstaats in Europa eine allgemeine Epoche darstellte, die ihre gemeinsamen Merkmale und Erscheinungsformen bis zu den nationalen Symbolen und bis zum Wortschatz der politischen Sprache hatte. Die Paradoxie dieser nationalstaatlichen Epoche besteht eben darin, daß in der immer weiter getriebenen nationalen Differenzierung immer noch die Einheit der gleichen oder ähnlichen historischen Prinzipien erhalten bleibt. Wenn wir heute nach dieser Einheit suchen und fragen, so ist uns die Vielheit der nationalen Entwicklungen, der sprachlich-kulturellen und staatlich-politischen Individualisierungen noch ganz gegenwärtig. Ihre Anschauung verdanken wir der großen nationalen Geschichtsschreibung, die in ihren Ausläufern bis in unsere unmittelbare Gegenwart reicht. Sie hat nicht nur ihre bedeutende Funktion als Geburtshelferin des nationalen Bewußtseins der modernen europäischen Nationen gehabt, sondern stellte uns auch eine ungeheure Stoffmasse für die Deutung eines umfassenden universalhistorischen Prozesses zur Verfügung. Wir suchen ihn zu fassen mit den wissenschaftlichen Methoden einer historischen Forschung, die sich mehr und mehr anschickt, auch generelle und typische Züge der historischen Wirklichkeit aufzuspüren und diese durch vergleichende Untersuchungen zu erfassen.

Aber nicht nur die wissenschaftliche, auch die historisch-politische Situation scheint uns zu einem solchen Versuch zu ermuntern: Die heroische Frühzeit der nationalen Staaten in Europa mit ihren Helden und Heldensagen ist längst vorüber, aber auch die nächste, weit nüchternere Epoche, die Zeit der nationalen Prosa nach dem Worte Benedetto Croces, in der die nationalstaatliche Ordnung im Innern und nach außen sich durchformte, liegt hinter uns. Sie wurde von einer Periode gefolgt, in der die nationale Unabhängigkeit wieder gefährdet war und bedroht wurde von imperialen und ideologisch bestimmten Machtsystemen, die sich zum Teil sogar noch auf das Nationalitätenprinzip berufen wollten. So kennzeichnet es den heutigen politischen Bewußtseinsstand, daß die meisten europäischen Nationen durch einen einmaligen oder gar mehrmaligen Verlust nationalstaatlicher Selbständigkeit oder Einheit hindurchgeschritten sind und schließlich – nach dem zweiten Weltkrieg – eine nationalstaatliche Restauration erlebten. Diese ist im östlichen Europa von dem völlig anders strukturierten System des Kommunismus überlagert, im westlichen Europa hat sie sich zwar frei durchgesetzt, gilt aber nicht mehr überall als der letzte Wert, und der Übergang in höhere – supranationale – Einheiten wird gesucht. So verschieden die Lage im Westen und Osten sich darstellt, gemeinsam ist ihr nur die Abkehr von der vollen nationalstaatlichen Souveränität im alten Sinne. Eben dadurch wird uns der Rückblick auf den Nationalstaat im klassischen Sinne erst ermöglicht.

Wenn wir den Versuch dazu mit terminologischen Fragen beginnen wollten, wären wir allerdings bald zum Scheitern verurteilt. Kann man sich vielleicht noch darüber verständigen, daß unter Nationalstaat ein staatliches Gebilde zu verstehen ist, das seine politische und sogar rechtliche Legitimität daraus nimmt, auf den Willen einer Nation gegründet zu sein, so gerät man schon in die Irre, wenn man nun das Wesen dieser Nation zu bestimmen sucht. In der englischen und den meisten romanischen Sprachen und ihnen folgend im heutigen Völkerrecht ist Nation identisch mit Staat, die Vereinten Nationen sind eigentlich Vereinte Staaten. In der deutschen Sprache hat Nation die Bedeutung politisch bewußtes und aktives Volk, das zwar den Staat trägt, aber doch nicht identisch mit ihm ist. Es wäre vergebliche Mühe, hier einen einheitlichen Bezeichnungskodex schaffen zu wollen, da hinter den verschiedenen Bedeutungen ganz verschiedene Realitäten stehen, die nur aus ihrer geschichtlichen Herkunft abgeleitet werden können. Man wird sich also den historischen Phänomenen selbst in ihrer Vielgestaltigkeit zuwenden und die Definitionen an dem jeweiligen historischen Wirklichkeitsgehalt orientieren müssen.

Damit ergibt sich zunächst ein gemeinsamer Grund aller modernen nationalitären Entwicklung, wie sie seit der großen englischen und französischen Revolution einsetzt, in einem seit langem sich sprachlich und kulturell-national differenzierenden Europa. Das Staatensystem von Alt-Europa ist noch nicht primär aus nationaler Wurzel erwachsen, sondern gründet sich auf eine international-europäische Hochadelsschicht, zu der die großen und kleinen Dynastien gehören.

Aber schon beginnt, spätestens seit der Renaissance, eine eigentümliche, immer fester werdende Verbundenheit von Nationalkulturen, Nationalsprachen und Staaten, die mehr und mehr nationales Gepräge annehmen. Die Durchformung der europäischen Hochsprachen läßt sich ohne diese Verbundenheit schon kaum mehr denken, was an der Rolle der französischen Akademie demonstriert werden kann und nicht nur an ihr. Der Nationalisierungsprozeß reicht daher weit in die ältere europäische Geschichte zurück, nur daß in dieser noch nicht eindeutig öffentliche Gewalt und Herrschaft auf den Willen einer Nation zurückgeführt werden.

Dies geschieht dann erst seit den großen Revolutionen im 17. und 18. Jahrhundert in England und Frankreich: sie leiten gleichzeitig eine Veränderung des allgemeinen Verhältnisses staatlich-politischer und gesellschaftlicher Kräfte ein und führen den lange vorbereiteten Prozeß der Nationalisierung in sein letztes, entscheidendes Stadium. Hier entdecken wir nun etwas sehr Wesentliches: die Nationalisierung des modernen Europa, die den nationalsouveränen Staat an Stelle aller anderen Staatsformen gesetzt hat, vollzieht sich in drei großen Etappen, und diese drei Etappen stellen nicht nur eine zeitliche Folge dar, sondern sie haben ganz verschiedene Produkte, Nationalstaaten verschiedener Qualität und Form hervorgebracht. In der ersten Etappe bildet sich die moderne Nation in England und Frankreich durch eine innerstaatliche Revolution, in der die Gemeinschaft der Bürger den Staat auf bestimmte politische Werte und – wenigstens in Frankreich – auf den Volkswillen, die volonté générale im Sinne Rousseaus, neu gründet. Das subjektive Bekenntnis zum nationalen Staat bleibt das einzige Merkmal einer politischen Nationalität, nicht etwa Sprache, Volksgeist oder Nationalcharakter. Nation ist Staatsbürgergemeinschaft, nicht in erster Linie Sprach- oder Volksgemeinschaft. Während in den Staaten des ancien régime neben der Loyalität zur Dynastie nur ein patriarchalisches, an das Land gebundenes Vaterlandsgefühl entstehen konnte, wird jetzt Vaterland, „patrie", der Wirkungsbereich der Nation, die sich in den großen Revolutionen bildet und durchaus auch Bürger verschiedener Sprachen wie in Belgien umfassen kann. Nationale Demokratie in diesem Sinne entwickelt sich fast ohne Ausnahmen in den alten Staaten des Westens und auch des Nordens.

Die zweite Phase bringt die Entstehung von Nationalstaaten aus getrennten Teilen von Nationen; sie ist die Stunde der nationalen Einheitsbewegungen in Deutschland und in Italien. Diese wurzeln, in erster Stelle die deutsche, in ganz anderem Boden als die französische Nationsidee. Im deutschen Teil Mitteleuropas, wo es keine übergreifende Staatlichkeit mit geschlossenem Staatsbürgerverband gab wie in Frankreich, ist seit Herder die zunächst ganz unpolitisch verstandene Idee des Volkes entwickelt worden, das vor und über dem Staat lebendig ist als schöpferische Kraft, die in der Sprache und in einem besonderen Volksgeist sich ausdrücken soll. Sie wird als irrationales Prinzip verstanden, das den Urkräften der Menschheit näher steht, nicht unterdrückt werden kann und sich immer gegen alle nur mechanischen und d. h. staatlichen Widerstände durchsetzt. Volkstum in diesem Sinne ist an seinen objektiven Merkmalen erkennbar, es lebt in erster Linie in der Sprache, die für diese Generation der großen Philologen und Sprachphilosophen geradezu ein Ort heiliger Offenbarungen des Ursprünglichen im Menschen gewesen ist. Den Staat auf das Volk gründen heißt dann, ihn in Einklang bringen mit den natürlichen Ordnungen des Menschengeschlechts. Die Staatenordnung auf Völker gründen heißt, ihr eine natürliche Verfassung geben gegenüber der als künstlich verstandenen dynastischen Verfassung, die die Völker teilte oder sie in unnatürlicher Weise unter *eine* Herrschaft zwang.

In der dritten Phase geht es wiederum um ein anderes Problem; mit ihr sind wir nun von Westeuropa über Mitteleuropa nach Osteuropa vorgedrungen, d. h. auf einen in seiner Überlieferung und in seiner Struktur wiederum ganz besonders gearteten Boden. Für ihn sind die großen Imperiums- und Reichsbildungen geschichtlich entscheidend geworden: die polnisch-litauische, schwedische, osmanische, habsburgische, russische. Von diesen Großmonarchien, wenn wir sie so nennen dürfen, ragen die habsburgisch-österreichische, die russische und die osmanisch-türkische in die Epoche der nationalitären Bewegungen im 19. Jahrhundert noch unmittelbar hinein; sie werden der bevorzugte Schauplatz dieser Bewegungen, deren Bewußtsein sich in den „Gefängnissen der Völker", wie ihre Gegner sie genannt haben, nicht *am* und *im* Staate, sondern *gegen* den Staat entwickelte. Er wurde als das Trennende, Fremde empfunden, als der Zerstörer der eigenen nationalen Überlieferungen. Daraus folgt noch etwas anderes: Im Bereiche der großen dynastischen Reichsgebilde bildet sich der nationale Staat nicht durch Zusammenschluß getrennter Teile, sondern durch *Abtrennung*, durch Sezession. Alle ostmitteleuropäischen

Staaten, die Nationalstaaten sein wollten, von Serbien, Griechenland über Bulgarien, Rumänien, der Tschechoslowakei, bis zu den Ländern der baltischen Randzone, sind auf dem Wege der Abtrennung aus Großreichen entstanden. Das ist für ihr politisches Bewußtsein von wesentlicher Bedeutung; manche Züge des Militanten, Aggressiven erklären sich daraus. Wenn später die russischen Revolutionäre von 1917 das nationale Selbstbestimmungsrecht bis zum Recht auf Sezession ausdehnen, so stehen sie dabei in der besonderen Tradition der dritten, ostmitteleuropäischen Phase der Nationalstaatsbewegung.

Grob gesprochen fallen also die drei Etappen der europäischen Nationalstaatsbewegung mit einer westeuropäischen, einer mitteleuropäischen und einer osteuropäischen Phase zusammen, aber auch hier stimmen die systematischen Zuordnungen wie immer in der Geschichte nicht ganz. Die meisten Nationalstaatsbewegungen haben an mehreren der drei Phasen teilgenommen, wofür Italien das wichtigste Beispiel ist. Die Französische Revolution und die Nationalitätsbewegung der ersten Phase haben Italien in viel unmittelbarerer Weise positiv beeinflußt als Deutschland: der Begriff Italien ist als politischer Begriff und Name zum erstenmal durch sie eingeführt worden und konnte seitdem nie mehr ganz verdrängt werden. Die Entstehung des italienischen Nationalstaats vollzog sich dann zwischen 1859 und 1870 Schritt für Schritt in der zweiten Phase der großen nationalen Zusammenschlußbewegungen in Mitteleuropa. Aber der nationalstaatliche Prozeß blieb dann stehen, bevor er das Ziel der staatlichen Vereinigung aller Italiener erreicht hatte: die Italia irredenta lag im Herrschaftsraum der Nationalitätenstaaten, gegen die sich die nationaldemokratische Bewegung der dritten sezessionistischen Phase richtete. So tritt der italienische Nationalstaat neben die Nachfolgestaaten der habsburgischen Monarchie als einer der Erben, die ihre Vermögensmasse übernehmen. Fast unvermeidlich wird er als Miterbe in den Erbschaftsstreit verwickelt, der sich mit dem neuen Jugoslawien um die adriatischen Gebiete, vor allem um Fiume, entspinnt. Die Beteiligung an den drei großen Etappen der Geschichte des europäischen Nationalstaats vom Feldzug Napoleons im Jahr 1796/97 bis zu den Pariser Vorortverträgen von 1919 gibt dem italienischen Nationalbewußtsein seine mehrschichtige Struktur: es enthält die nationaldemokratischen Elemente von 1789, die sich in der ununterbrochenen liberalen Tradition der italienischen Politik auswirken. Es enthält aber auch aus der Phase der Einheitsbewegung des Risorgimento die starken unitarischen Züge. Aus der dritten Etappe ist dem italienischen Nationalbewußtsein sein nationalirredentistischer Einschlag verblieben: seine starken Reaktionen in nationalen Grenzfragen und überhaupt sein Interesse für die sprachlich-kulturelle Seite der Italianità, auf der anderen Seite das Verfolgen nationaler politischer Ziele über die Sprachgrenze hinaus wie in Südtirol oder an der Adria.

Der Drei-Stufen-Prozeß der Nationalstaatsbewegung in Europa bewahrt alles in allem auch darin seinen universalen Charakter, daß von jedem Stadium Wirkungen auf Gesamteuropa ausgehen. Wir versuchen dies an einigen wesentlichen Erscheinungen darzustellen. In der ersten Phase, in den großen westeuropäischen Revolutionen des 17. und 18. Jahrhunderts ist der Grund für die Verbindung von Nationalstaat und Demokratie gelegt worden. Der Nationalbegriff Rousseaus oder der Verfassungspolitiker der Französischen Revolution, wie vorher schon der von John Locke in der zweiten englischen Revolution von 1688 ist verfassungsrechtlich-demokratisch, nicht etwa primär ethnisch-sprachlich: die Nation ist die Gemeinschaft der mündig gewordenen Bürger. Doch erscheint der nationaldemokratische Staat nicht einfach als die nationale Republik. Diese ist schon in der Französischen Revolution erst das Ergebnis eines längeren revolutionären Prozesses; das englische Beispiel der glorreichen Revolution von 1688/89 hatte aber schon ein Jahrhundert früher die Möglichkeit aufgezeigt, ein nationales Königtum und eine nationale Monarchie zu schaffen, die den Institutionen der vorrevolutionären Vergangenheit nur eine andere Funktion in der nationalen Gesellschaft verlieh, ohne sie ganz aufzugeben. Die englische Monarchie ist dann schließlich bis zum Endpunkt einer Entwicklung gelangt, an dem sie sich zu einem nationalen Symbol in einer demokratischen Gesellschaft umgeformt hat. Die großen historischen Erinnerungen der älteren Geschichte Englands sind darin gleichsam sublimiert und die Krone ein höchst wirksamer Repräsentant der historischen Kräfte des Nationalstaats geworden. Im Strahlungskreis der britischen Verfassungsordnung hat sich ein ähnliches Verhältnis in den skandinavischen Monarchien und in den Niederlanden herausgebildet: die Dynastie der Oranier, die schwedische Krone, die einst von Gustaf Adolf, Karl X. und Karl XII. getragen wurde, stellen fast noch in höherem Maße als die englische Monarchie einen großen nationalen Erinnerungswert für den modernen demokratischen Nationalstaat dar. Überall hier ist die Monarchie bis heute erhalten geblieben und hat auch die Zusammenarbeit mit sozialistischen Arbeiterregierungen überdauert.

Einen zweiten Typus nationaler Monarchien stellen die neuen nationalen Staaten in Mitteleuropa, in Deutschland und in Italien dar. In der italienischen Nationalbewegung, die sich einer Vielfalt meist fremder Dynastien gegenübersah, war ursprünglich eine höchst aktive republikanisch-demokratische Tendenz lebendig. Ihr bedeutendster Vertreter, Guiseppe Mazzini, hatte als junger Revolutionär im Jahre 1831 in einem berühmt gewordenen Brief an Karl Albert von Piemont-Sardinien noch den Entscheidungskampf zwischen Fürsten und Völkern zum Generalthema der neueren Geschichte erheben können. Das Leben Mazzinis ist bis zuletzt ein ohnmächtiger Versuch geblieben, den Nationalstaat als Republik zu schaffen, während er unter Cavour längst als Monarchie ins Leben getreten war. Ein anderer Italiener ursprünglich demokratischer Richtung, Francesco Crispi, sprach später das klassische Wort, daß in Italien die Republik trenne, die Monarchie aber einige. Damit war der jungen italienischen Nationalmonarchie die Rolle eines Protagonisten des nationalen Einheitsstaats zugesprochen, die sie auch tatsächlich gespielt hat, und die weit über die Funktion eines nationalen Symbols hinausging. Erst seit 1922, dem Jahr der Machtergreifung des Faschismus, hat sie auf diese Rolle verzichtet und dies 1947 mit ihrem Sturze bezahlt.

In Deutschland liegen die Dinge verwickelter, namentlich deshalb, weil hier die Monarchien der Teilstaaten weit tiefer im nationalen Dasein verankert waren als in Italien. Wohl gab es auch hier mazzinianische Ideen von einer nationalen Republik, die den gordischen Knoten der rivalisierenden Dynastien durchschlagen sollte, aber ausschlaggebend waren sie nicht. Viel eher hielt man die konstitutionelle Monarchie für die gemäße Staatsform des deutschen Nationalstaats. Doch eben darin lagen erst die eigentlichen Probleme. Man konnte sich angesichts der Vielzahl deutscher Teilstaaten nicht mit einem „National*könig*" begnügen und mußte über die Ebene der partikularen Könige hinausgreifen und einen National*kaiser* verlangen, den auch die altdeutsche Überlieferung als Vorbild anbot. Aber da dieser nicht nur ein machtloses Symbol sein sollte, sondern der Zwingherr der nationalen Einheit, wurde die Kaiseridee gleichsam zurückverwiesen an den mächtigsten Einzelkönig, den preußischen. Die Verknüpfung von preußischem Königtum und nationaldeutschem Kaisertum war schon die Lösung, die die Frankfurter Nationalversammlung vorgeschlagen hatte, und sie war schließlich die Entscheidung, die durch Bismarck herbeigeführt wurde. Als preußischer König war der deutsche Kaiser der mächtigste Gebieter über die politische Ordnung, über die Wehrkraft des Nationalstaats, in seiner verfassungspolitischen Stellung in der Reichsverfassung blieb er nur ein nationales Symbol. Aus diesem Dilemma ist der Kaiser im deutschen Nationalstaat nie herausgetreten.

Unter den neuen nationalen Staaten Europas im 19. Jahrhundert sind das

Deutsche Reich und Italien als die größten monarchisch verfaßt gewesen. Das gleiche gilt für sämtliche kleineren nationalstaatlichen Neugründungen der Vorweltkriegszeit, von Griechenland, Belgien, Rumänien, Serbien, Bulgarien, Albanien. Nur Serbien hatte von ihnen eine alte angestammte Dynastie, bei den anderen Staaten wurden die Herrscher tatsächlich vom europäischen Mächteareopag eingesetzt. Als Herrscher fremder Nationalität, fremden Glaubens, fremder Sprache schienen sie wenig dazu prädestiniert, zu Integrationsfaktoren oder nur zu Symbolen nationaler Einheit in gesellschaftlich und politisch sehr unausgereiften Gemeinwesen zu werden, bisweilen wurde ihr Regiment geradezu als neue Fremdherrschaft empfunden wie z. B. das des Wittelsbachers Otto in Griechenland. Die Monarchie in diesen kleinen Nationalstaaten war mehr ein Ausdruck der international-europäischen Garantie, derer diese Staaten bedurften, als der inneren nationalen Selbstbestimmung, wenn auch in einzelnen Fällen aus dem einen sich das andere entwickelte, wie man z. B. am Königtum der Coburger in Belgien sehen kann. Erst nach dem Zusammenbruch der großen Kontinentalmonarchien 1917/18 ist die nationaldemokratische Selbstbestimmung mit der Entscheidung für die Republik verbunden gewesen: alle 1918/19 neu entstandenen Nationalstaaten, wieder mit der Ausnahme Jugoslawiens kraft seiner eigenen monarchischen Tradition, waren nationale Republiken. Im Zeichen der nationaldemokratischen Revolution, die namentlich von Frankreich gegen die Mittelmächte und ihre Monarchien proklamiert wurde, wurde die international-europäische Garantie jetzt eher durch die Wahl der republikanischen Staatsform erleichtert, ja geradezu an diese gebunden. Erst jetzt kamen eigentlich die republikanisch-demokratischen Prinzipien der Französischen Revolution für die nationalstaatliche Politik voll zum Tragen, und man wird dabei auch nicht den Einfluß vergessen dürfen, der in diesem Zusammenhang von den Staatsmännern der großen nordamerikanischen Republik, insbesondere von Woodrow Wilson, ausging.

Wenn wir nun nach gesamteuropäischen Auswirkungen auch der zweiten und dritten Phase der Nationalstaatsbewegung fragen, so haben wir die Wandlungen des Nationalbegriffes im Auge zu behalten, die sich seit der ersten Stufe vollzogen haben. Sowohl für die Nation, die sich aus Teilen zusammenschließen will, wie für die Nation, die ihre Selbstbestimmung durch Herauslösung aus einem größeren Ganzen erstrebt, besteht keine Identität mit der Staatsbürgergemeinschaft mehr, sondern muß eine innere Homogenität anderer Art gesucht werden. So tritt der ethnisch-sprachlich bestimmte Nationsbegriff in den Mittelpunkt und die Sprache wird eine Macht, die über die reine Verwirklichung des Nationalstaats entscheidet. Schon in einigen älteren europäischen Staatswesen, wie zumal in Frankreich und teilweise in England, hatte sich ein engeres Verhältnis von Staat, Literatur und Sprache herausgebildet; im aufgeklärten Absolutismus Josefs II. in Österreich war die Sprache, und zwar die deutsche Sprache, auch bereits bewußt als staatliches Machtinstrument behandelt worden. Aber die Vorstellung, daß der nationale Charakter eines Staates sich zuerst in einer einheitlichen nationalen Sprache manifestiere, ja daß er sich sogar zum Schöpfer einer Nationalsprache, wenn es sein muß, mit rücksichtsloser Härte, erheben müsse, gehört erst in das Jahrhundert des militanten Nationalismus. Die Wurzeln dieses Gedankens liegen sehr tief, und zwar in den Anfängen des Sprachenthusiasmus der Romantik und der großen Philologen, jedoch geht es in dieser ersten Phase mehr um die Befreiung der Sprache von staatlichen Fesseln, um ihr ursprüngliches Recht auf Selbstverwirklichung ohne Rücksicht auf politische Grenzen und Mächte. Etwas von diesen Ideen ist in die Tradition des europäischen Liberalismus mit seiner grundsätzlichen Sprachtoleranz eingegangen und hat sich bis über die Mitte des 19. Jahrhunderts erhalten. Allerdings stößt man schon sehr bald auf eine andere Linie, die von der Einheit von Nationalstaat und Nationalsprache ausgeht. Es ist fast logisch, daß der Wirkungsgrad dieser Forderung sich überall da steigert, wo diese Einheit nur Programm ist, also in Staaten, in denen sich ein Streit von Sprachen höherer und minderer Geltung entwickelt. Von dem Vater der finnischen Sprachbewegung, die sich gegen das Übergewicht des Schwedischen und später des Russischen wandte, von J. V. Snellmann, wurde der Grundsatz verkündet, daß nationale Staatsentfaltung nur durch ein einsprachiges Staatsvolk denkbar sei. Diese Auffassung machen sich zunächst aber die herrschenden Staatsvölker zu eigen, indem sie versuchen, sprachliche Einheit durch Zwang zu schaffen. So geschieht es seit den 60er Jahren zuerst in der Sprachpolitik in Ungarn, in den baltischen Provinzen Rußlands, dann auch mit wachsender Stärke im östlichen Preußen-Deutschland. Aus den Reihen des „Vereins zur Förderung des Deutschtums in den Ostmarken" stammte eine Schrift von 1908 eines Juristen Ludwig Trampe, in der wir lesen: „Jedes gesunde Staatsvolk, jeder gesunde Volksstaat muß wollen, daß seine Volkssprache die Staatssprache und seine Staatssprache die Volkssprache ist". Diesem Grundsatz entsprach wohl bis zuletzt die Staatspraxis des alten Preußen nicht ganz, aber sie näherte sich ihm immer mehr. Später gingen auch die jüngeren Nationalstaaten, die ihren Ursprung auf das Weltkriegsende 1918/19 zurückführten, von diesem Prinzip aus oder steuerten auf es zu, wenn sie auch durch politische Rücksichten verschiedenster Art, durch Minderheitenverträge und parlamentarische Oppositionsgruppen sprachlicher Minderheiten an seiner vollen Verwirklichung gehindert wurden.

Man kann eine Verschärfung des Monopolanspruchs für die eine Nationalsprache vom 19. zum 20. Jahrhundert an den Verfassungstexten feststellen. In den Verfassungen des 19. Jahrhunderts sind Sprachbestimmungen in der Regel nur bei den Staaten zu finden, in denen keine sprachliche Einheit besteht, und zwar konnten es dann Bestimmungen sein, die eine einheitliche offizielle Staatssprache fixieren, wie die russische Verfassung von 1906 das Russische oder die osmanische von 1876 das Türkische, und im Gegensatz dazu solche, die gerade mehrere Staatssprachen zuließen, wie dies in der 1848 geschaffenen und 1874 revidierten Verfassung der Schweizerischen Eidgenossenschaft geschieht. Die Verfassungen der im sprachlichen Sinne reinen oder annähernd reinen Nationalstaaten schweigen dagegen noch über die Nationalsprache. Darin kommt zweifellos nur zum Ausdruck, daß ein Sprachenproblem nicht bestand oder als nicht bestehend angesehen wurde. In vielen Ländern ist es darüber nie zu einer Diskussion gekommen, in einigen jedoch, namentlich in Deutschland, knüpften sich an das Schweigen in der Verfassung über die Nationalsprache lebhafte Erörterungen. Dies geschah in einem Moment, als um die Jahrhundertwende das Problem des Polentums und der polnischen Sprache in den Ostgebieten des Reiches immer akuter geworden war. Damals schrieb der Bonner Staatsrechtler und preußische Kronjurist Philipp Zorn eine Untersuchung über die deutsche Staatssprache. In ihr deutet er das Schweigen der deutschen und preußischen Verfassungsurkunden über die Staatssprache als Beweis dafür, daß die deutsche Sprache in Preußen und im Reich die alleinige Staatssprache bilde. Zorn schließt daraus: „Das gesamte preußische Staatsleben hat sich grundsätzlich in deutscher Sprache abzuspielen: die parlamentarischen Verhandlungen sind deutsch, die Rechtspflege ist deutsch, die Verwaltung einschließlich des öffentlichen Unterrichts ist deutsch; insbesondere ist auch die gesamte Kommunalverwaltung deutsch; kein deutscher Beamter kann grundsätzlich seines Amtes anders als in deutscher Sprache walten."

Solche Diskussionen müssen als bedenkliches Symptom für eine Zuspitzung des nationalstaatlichen Ausschließlichkeitsanspruchs verstanden werden. Dies steigert sich dann noch nach dem 1. Weltkrieg. Die Verfassungen mancher nach dem 1. Weltkrieg begründeten Nationalstaaten, in denen das Monopol der Staatsvölker noch unumschränkter gefordert wurde, sprechen nun zum Teil schon ganz offen über eine Sache, die im Mittelpunkt des nationalen

Kampfes und Interesses gestanden hatte und weiterhin stand: sie enthalten schon regelrechte Bestimmungen über die nationale Staatssprache, oder es wurden wenigstens sprachliche Grundentscheidungen in enger Verbindung mit der Verfassungspolitik getroffen. Man muß sich nur daran erinnern, daß in diesen jungen Nationen, die mit einem Male über eigene Staatswesen verfügen konnten, der Sprachenkampf mit den bisher herrschenden Staatsvölkern, den Russen, Deutschen, Türken, vorangegangen war, und daß auf der anderen Seite die zuerst erbittert bekämpften und als Servitut auf die nationale Souveränität empfundenen Minderheitenschutzverträge das nationale Ressentiment erneut herausforderten. So kam es im neuerstandenen Polen zu leidenschaftlichen Auseinandersetzungen um ein Nationalitätengrundgesetz; in der Tschechoslowakei wurde gleichzeitig mit der Verfassung am 29. Februar 1920 ein Sprachengesetz von der Nationalversammlung beschlossen, das die „tschechoslowakische" Sprache zur „offiziellen staatlichen Sprache" erklärte und die Sprachen der Minderheiten, vor allem das Deutsche und Ungarische damit auf den zweiten Platz verwies, wenn sie auch bei regionalen und lokalen Behörden zugelassen wurden. Wenn damit auch der Staatssprache schon mit Rücksicht auf den internationalen Minderheitenschutz keine ausschließliche Geltung zukam, so doch eine unbestreitbar ideelle und materielle Vorrangstellung. In den kleineren baltischen Ländern mit ihrer weit homogeneren Bevölkerung war der Sprachnationalismus im allgemeinen weniger aktiv, doch enthielten auch die Verfassungstexte Estlands und Litauens die Fixierung der *einen* Nationalsprache. Nur Finnland kennt seit den Anfängen seiner Unabhängigkeit einen verfassungsmäßig garantierten Zweisprachenstatus.

Ideenmäßig aus einer ganz anderen Wurzel ist der radikalste Versuch, der Staatssprache eine uneingeschränkte Geltung bis in die privatesten Bezirke zu verschaffen, erwachsen: ich meine die nicht nationaldemokratische, sondern nationaltotalitäre Sprachpolitik in den Minderheitengebieten des faschistischen Italien, das die totale Einheit von Nationalsprache und Nationalstaat aus Ideologie und aus Machtinteresse in den umstrittenen Grenzgebieten schaffen wollte.

Es kann hier nur angedeutet werden, daß dieser faschistische Versuch ein Endstadium gewaltsamer Sprachassimilation darstellte, wie sie zuerst seit den 60er Jahren des 19. Jahrhunderts in größerem Stile geübt wurde. Der nächste Schritt, der möglich war, um die restlose Herrschaft der Nationalsprache im Nationalstaat herbeizuführen, die Aussiedlung der Sprach- und Nationalitätsfremden, sprengt dann allerdings den Rahmen der Sprachenpolitik im konventionellen Sinne des 19. Jahrhunderts, und ist mit ihren ungeheuren Steigerungen bis zur Verpflanzung von Millionen ein völkerpolitisches und zugleich soziales Problem ersten Ranges, dessen Wirkungen mit allen ihren Schrecken uns Deutschen als Akteuren und Opfern noch greifbar nahe sind.

Zur Sprachenpolitik des Nationalstaats im engeren Sinne führt uns noch einmal eine andere Frage zurück, die zugleich die Problematik des modernen Nationsbegriffs deutlich machen kann. In seiner Ideologie setzt dieser immer schon eine bestehende Nation voraus, die *ihren* Staat will, ja er gibt dieser Nation historische Legitimationen von größter geschichtlicher Tiefe. Tatsächlich aber existiert oft der Nationalstaat *vor* der Nation, die erst durch ihn zusammengefaßt und zur Einheit wird, während ihre Initiatoren soziologisch relativ kleine, in der Regel bürgerliche Gruppen, oft mit aristokratischem Einschlag sind. Diese Situation hat ihr genaues Spiegelbild in den Sprachproblemen der jungen Nationalstaaten, die ebensowenig eine nationale Hoch- und Schriftsprache wie eine nationale Gesellschaft zu haben brauchen. Ein – im Doppelsinn – klassisches Beispiel dafür ist das neue Griechenland, das als Nationalstaat unter Anteilnahme der gebildeten Welt Europas geboren wurde, ohne zunächst eigentlich über eine Nation zu verfügen. Der Philologe Adamantios Korais hatte die neue griechische Volkssprache zu schaffen versucht, indem er sie von fremden Beimischungen reinigte und sie an das klassische Griechisch annäherte. Aber eben darüber kam es zum Sprachenstreit der Anhänger der lebendigen Volkssprache mit den „Xenophontisten", die die gereinigte Amts- und Literatursprache verteidigten. Diese hatten insofern recht, als ihre nationale Kunstsprache genau der Tatsache entsprach, daß das moderne Hellas zunächst nur aus einer kleinen Oberschicht bestand. Der Ausgleich konnte erst durch das historische Zusammenwachsen des neugriechischen Volkes in seiner seitherigen Geschichte geschaffen werden. Zu ganz ähnlichen Auseinandersetzungen über Hochsprache und Volkssprache ist es im modernen norwegischen Nationalismus gekommen, der die von der dänischen Herrschaft eingeführte Amts- und Literatursprache des Ryksmål durch das aus den norwegischen Dialekten geschaffene Landsmål ersetzen wollte und ersetzen will. Dieser Sprachenstreit eines national und sprachlich homogenen Staates gibt die Lage eines Nationalisierungsprozesses wieder, der sich von den letzten Schlacken einer älteren Fremdherrschaftsordnung zu reinigen sucht, aber damit im Grunde die nationale Zersplitterung und nicht nationale Einheit fördert.

Es muß wohl überhaupt ganz allgemein davor gewarnt werden, die Möglichkeit einer von allen staatlich-politischen Einflüssen unabhängigen Sprachentfaltung allzu romantisch zu verklären. In Wirklichkeit geben die sehr verschiedenartigen Sprachsituationen in den europäischen Nationalstaaten jeweils ebensowohl soziologische wie politische Grundsituationen wieder und können nur aus diesen voll verständlich gemacht werden. Genauer gesagt: hinter sprachlichem Einfluß und sprachpolitischer Initiative steht in der Regel politische und soziale Macht oder eine von beiden. Das läßt sich an einem Phänomen wie dem Sprachenstreit in Belgien demonstrieren: das ursprüngliche Monopol der französischen Sprache in Belgien war ein Ausdruck der Machtverhältnisse und der Herrschaft französisch orientierter bürgerlicher Schichten in der ersten Hälfte des 19. Jahrhunderts; die Anerkennung der flämischen Sprache als gleichberechtigte Staatssprache setzte auch einen sozialen Wandel im späteren Belgien voraus.

Unsere Betrachtungen haben uns immer mehr in die Nähe der gesellschaftlichen Probleme des Nationalstaats in Europa geführt, mit denen wir uns zuletzt befassen wollen. Auf dem letzten Deutschen Historikertag im Jahre 1962 wurde von Werner Conze gezeigt, in welcher engen Verknüpfung die Begriffe und Wirklichkeiten Nation und Gesellschaft in der modernen Geschichte stehen. Beide sind Produkte des großen Emanzipationsprozesses, der mit der industriellen Revolution begonnen hat. Mit anderen Worten: als Nationen formieren sich die neuen gesellschaftlichen Mächte, die mit der industriellen Arbeitswelt heraufkommen; die Nationen sind die Träger der neuen Gesellschaft, die die ständische Ordnung der vorrevolutionären Epoche ablöste. Wenn dies zutrifft, dann hätten sich die modernen Nationen in erster Linie oder sogar ausschließlich aus denjenigen Gruppen konstituiert, die den technisch-industriellen und sozialen Emanzipationsvorgang repräsentieren, also im wesentlichen aus dem Bürgertum in seinen verschiedenen Schichten. Vergleicht man diese These mit der Selbstinterpretation der den modernen Nationalstaat heraufführenden Gruppen, so erscheint ein fundamentaler Widerspruch: die nationalen Bewegungen haben sich überall als überständische Bewegungen, man könnte auch sagen, als „klassenlose Gesellschaft" verstanden. Das beginnt schon mit der berühmten Definition des Dritten Standes bei dem Abbé Sieyès, der den Dritten Stand, der politisch nichts ist, zum Ganzen, d. h. zur vollständigen Nation erklärt und in der Verwirklichung dieses Prinzips gegen die bisher dominierenden privilegierten Stände das eigentliche Problem der Revolution sieht.

In etwas anderer Weise tritt im Volksbegriff der deutschen Romantik der Gedanke von der allständischen Einheit des mündig gewordenen und seiner selbst bewußten Volkes hervor. Der Einheitsgedanke war hier nicht nur regional und politisch, sondern auch sozial verstanden. Noch im späteren nationalen Liberalismus, dessen bürgerlicher Charakter ganz eindeutig gewesen ist, ist die Vorstellung gegenwärtig, daß die nationale Partei die Partei des Ganzen, aller Stände sei.

Niemand anders als die Väter des Marxismus, Karl Marx und Friedrich Engels, haben an dieser Deutung des bürgerlichen und nationalen Liberalismus schonungslose Kritik geübt. Wie Marx schon in seinen frühen Schriften die rechtliche Befreiung des Individuums durch den Liberalismus als die letzte und äußerste Form der Versklavung anprangert, so sieht er und mit ihm Engels in den nationalstaatlichen Bewegungen nur ein Mittel, der Bourgeoisie größere Märkte zu schaffen. Jedoch haben Marx und Engels darin – allerdings nur für die großen Nationen – nach ihrer dialektischen Methode einen notwendigen Schritt gesehen, der dem Proletariat erst die Möglichkeit verschaffe, sich zu größeren Formationen zusammenzuschließen; in diesem Sinne wird schon im Kommunistischen Manifest davon gesprochen, daß das Proletariat sich als Nation konstituieren müsse, und Friedrich Engels hat später eine internationale Bewegung des Proletariats nur zwischen selbständigen Nationen als möglich erklärt. In diesem Sinne haben die beiden Schöpfer des Marxismus sogar die Bismarcksche Reichsgründung bejaht.

Hält diese Auffassung der historischen Kritik stand? Ich möchte die Antwort darauf nur an Hand zweier Probleme zu geben versuchen: an der Zusammensetzung der nationalstaatlichen Bewegungen in ihren Ursprüngen und Anfängen und an ihrer sozialen Wandlungsfähigkeit. Was das erste Problem anlangt, so ist es sicher zutreffend, daß den Kern der nationalen Bewegungen in allen Ländern bürgerliche Schichten gebildet haben. Auffallend ist dabei, daß es in erster Linie bürgerliche Bildungs- und Intelligenzschichten gewesen sind, die als Träger nationaler Bewegungen auftraten, weniger die Gruppen des großen Besitzbürgertums. Darauf läßt sich wohl der ideologisch-doktrinäre Charakter des bürgerlichen Nationalismus zurückführen, ob es sich nun um das Frankfurter „Professorenparlament" mit seinem unverhältnismäßig hohen Anteil von Angehörigen der Bildungsintelligenz handelt oder um das Phänomen der Intelligentsia, das uns namentlich in den osteuropäischen Ländern begegnet und dort sowohl Träger sozialrevolutionärer wie nationalrevolutionärer Tendenzen sein konnte. Bei ihm liegt, wie jüngst von dem englischen Historiker Seton-Watson gezeigt wurde, das Problem bei der mangelnden Verwurzelung in einer breiteren bürgerlichen Oberschicht, die es eben noch nicht gibt. So kommt es zu einer erstaunlichen Isolierung der nationalen Führungsschichten, insbesondere in den jungen osteuropäischen Staaten, und einer äußerst geringen Zahl verfügbarer Persönlichkeiten – eine Erscheinung, auf die wir bei den Entwicklungsländern Afrikas und Asiens heute vielleicht in noch höherem Maße treffen.

Der Anteil des Bildungsbürgertums ist nun auch später noch bei der Fortentwicklung des nationalen Ideenguts und der nationalstaatlichen Politik zu den kolonialistischen und imperialistischen Programmen besonders hoch. Indessen kann man nicht davon sprechen, daß die Entstehung der Nationalstaaten allein auf die nationalen Intelligenzschichten zurückgeführt werden darf. Es bedurfte schon von Anfang an breiterer Unterschichten, auf deren Mitwirkung man angewiesen war und die uns auch in verschiedener Gestalt aus der Geschichte der einzelnen Nationalbewegungen bekannt sind, leider noch nicht bekannt genug, um sie immer genau zu bestimmen. Doch deutet in Deutschland seit 1848 die Aktivität von politischen Vereinen verschiedenster Art auf ein breiteres Fundament der nationalen Bewegung als es etwa im ersten nationalen Parlament von 1848/49 erkennbar ist. Sänger- und Turnvereine waren schon im Vormärz politisch höchst aktive Kräfte, die sich namentlich aus dem Kleinbürgertum rekrutierten. Im Italien des Risorgimento ist das nicht viel anders, in den osteuropäischen Ländern tritt der Anteil nationaler Bauernbewegungen stärker hervor.

Unübersehbar ist überall in der Entstehungszeit nationaler Staaten die Mitwirkung militärischer Führungsgruppen und Verbände, bei denen fast in der Regel die jeweiligen nationalen Aristokratien beteiligt sind. Diese Mitwirkung konnte sich durch das Bündnis nationaler Bewegungen mit staatlichen Mächten und ihren regulären Armeen vollziehen, wie es im tatsächlichen Verlauf der Ereignisse zwischen der kleindeutschen nationalen Bewegung und Preußen und seiner Armee geschah. Auch im italienischen Risorgimento setzte sich die reguläre piemontesische Armee gegenüber den nationalen Freischaren Garibaldis durch. Diese stellten wenigstens einen Anlauf zur Bildung nationaler Armeeverbände auf revolutionärem Wege dar. Bei den Staatsgründungen im 1. Weltkrieg spielten solche schon eine bedeutendere Rolle. Bis zu einem gewissen Grade kann man zu ihnen die seit dem Frühjahr 1917 aus österreichischen Gefangenen gebildete tschechoslowakische Legion in Rußland zählen. Das neue Polen nach 1918 gibt ein Beispiel dafür, daß sich aus dem Nebeneinander einer bürgerlich-nationalen Führungsschicht von Politikern und einer militärischen Führungsschicht, die beide an der Staatsgründung beteiligt waren, ein unlösbarer Gegensatz entwickeln konnte. Als Marschall Pilsudski im Mai 1926 durch einen Staatsstreich die bisherige parlamentarische Regierungsform ablöste, übernahm praktisch die militärische Führungsgruppe der Legionsoffiziere an Stelle der Politiker die Verantwortung und behielt sie bis zum Ende der 2. Polnischen Republik.

Dies alles kann nur andeutend unterstreichen, welch komplexe Gebilde sozialgeschichtlich gesehen die Nationalbewegungen der zweiten und dritten Phase gewesen sind und wie wenig es das Richtige trifft, in ihnen nur bourgeoise Interessenvereinigungen zu sehen. Das Bild wird noch reicher, wenn wir die Wandlungen ins Auge fassen, die in der inneren Teilnahme der gesellschaftlichen Schichten am Nationalstaat eingetreten sind. Hier kann man geradezu von einem gesamtnationalen Integrationsprozeß sprechen, d. h. von einem ständigen Hineinwachsen neuer Schichten in die nationale Gesellschaft. Die in Deutschland seit dem Sozialistengesetz unter Bismarck verbreitete Meinung von einer prinzipiell antinationalen Haltung und Gesinnung der Sozialdemokratie, zu der diese selbst wesentlich durch ihre eigene Propaganda beigetragen hatte, hat lange den Prozeß eines immer stärkeren Hineinwachsens der sozialistisch gesinnten und organisierten Arbeiterschaft in den deutschen Nationalstaat verdunkelt und von hier aus die These vom bürgerlichen Charakter der Nation bestätigt. Sicherlich ist dabei zuzugeben, daß die gesamtnationale Integration in Deutschland vor 1914 niemals den gleichen Grad erreicht hat wie etwa in England, wo sie an verschiedenen Symptomen mit der Hand zu greifen ist, aber ganz allgemein bleibt es der stärkste Eindruck, den die Geschichte der europäischen Nationalstaaten hinterläßt, daß sie eine außergewöhnliche soziale Assimilationskraft an den Tag gelegt und mit den sozialen Veränderungen der industriellen Entwicklung im allgemeinen Schritt gehalten haben. Das erwies sich namentlich in Großbritannien und den nordischen Staaten an der Einschmelzung des Vierten Staates, in Deutschland an der der konservativen preußischen Oberschicht Ostelbiens, die im Jahre 1871 noch ganz abseits von der Reichsgründung gestanden hatte, ja gegen sie eingestellt war. Weniger oder gar nicht gelungen ist, um einige Beispiele zu nennen, die Integration des italienischen Südens oder einiger osteuropäischer Agrargesellschaften.

Im ganzen haben die Nationalstaaten in der Zeit zwischen 1870 und etwa 1930, also bis zum Beginn der großen Wirtschaftskrise den sich vollziehenden sozialen Wandel aufgefangen und die gesellschaftlichen Prozesse in einem so starken Maße nationalgeschichtlich geprägt, daß wir lange gewöhnt waren, sie überhaupt nur vom Standpunkt der Nationalgeschichte anzusehen. Das hängt nicht zuletzt damit zusammen, daß das Weltwirtschaftssystem des Hochindustrialismus und auf der anderen Seite der kolonialistische Imperialismus sich als eine Auseinandersetzung protektionistischer Nationalwirtschaften ausgebildet haben. Dadurch sind auch die sozialen Vorgänge in hohem Maße nationalstaatlich und nationalwirtschaftlich differenziert, und ihre gesamteuropäische Betrachtung ist darum für den historischen Betrachter auch heute noch schwierig und kaum genügend vorbereitet. Wenn wir tiefer in die gesamteuropäische Problematik einzudringen gelernt haben, werden wir erst ganz instandgesetzt sein, der marxistischen These vom ausschließlich bürgerlichen Klassencharakter des Nationalstaats mit den notwendigen sachlichen Argumenten entgegenzutreten.

An dieser Stelle tritt aber auch voll in unser Bewußtsein, über welche enorme Substanz die Nationalstaaten in Europa verfügen. Sie bewahren nicht nur zum großen Teil ein alteuropäisches Erbe, sie sind vielmehr auch die Vollstrecker der modernen Industrierevolution in ihrer verschiedenen nationalen Ausprägung gewesen mit allen sozialen und politischen Konsequenzen, die dies hatte. Man kann darum nicht einfach die nationalen Bewußtseinsstrukturen wie oberflächlichen Staub abschütteln, um das gemeineuropäische Fundament gereinigt hervortreten zu lassen. Man muß die Annäherungen weit tiefer gehen lassen. Die Stunde ist dafür günstig: Katastrophen wie die beiden Weltkriege, deren Ursache entarteter Nationalismus gewesen ist, die großen Weltwirtschaftskrisen, die Bedrohung der modernen Verfassungsstaaten durch die totalitären Regime haben sichtbar werden lassen, daß es keine nationalen Entscheidungen im herkömmlichen Sinne mehr gibt. Damit ist für Europa die Sternstunde des Nationalstaats abgelaufen, so wenig das bedeuten mag, daß wir auf das nationalstaatliche Grundgefüge als Bauelement gemeinsamer Institutionen und supranationaler Souveränitäten und auf die Nationen als bewahrendes Element, als die nächste und unmittelbarste Behausung des Menschen in einer unbehausten Welt werden verzichten können. Aber in dem Augenblick, in dem für uns der Nationalstaat ein historisches Phänomen geworden ist, sind wir für die Gegenwart und für die Zukunft im Grunde schon über ihn hinausgewachsen.

Summary

The lecture makes initial references to the European nation-state as an historic phenomenon. An attempt must be made today to examine from comparative aspects the general wealth of ideas and thoughts of the nation-states in Europe, their common ways and means, their special symbols, but also the different phases of their common history. The nationalization of modern Europe, which replaced all other forms of government with the nationally sovereign state, passed through three major stages, and these three stages constituted not only a temporal sequence, but they also gave birth to nation-states of varying types. In the first stage, the modern nation was formed in England and France as a citizens' community within an existing state by means of an internal state revolution, based on specific political values and the will of the people. The second phase gave rise to nation-states formed from divided parts of nations; this was the hour of the movements for national unity in Germany and Italy. In the third phase, in which history has pushed forward from Western Europe across Central Europe into Eastern Europe, a national consciousness has developed in the large supra-national monarchies *against* the state and the national state in the process of formation is based on secession. Thus, in this area, all nation-states came into being by breaking away from large empires. All of Europe is affected by each of these stages, thus the three-stage process of the nation-state movement retains its universal character.

A remarkable change in the national concept also affects the relationship of language and state. The language becomes a decisive power in the realization of the nation-state. Thus the 60s of the 19th century are the beginning of nationalistic politics of language, with its intolerance towards the languages of the minorities, its trend towards assimilation and, finally, its trend of simply expelling or resettling those speaking another tongue, thereby establishing with the most radical methods the unity of nation-state and national language.

Finally, the nation-state also constitutes a social-historical and sociological problem. Who is the 'nation', which is understood by the national movements of the 19th century, with their oversimplified approach, as a form of 'classless' society embracing all the estates of the realm? In all countries its core is made up of the middle class, primarily the educated members and intelligentsia of the middle class. Their quantity has been reduced the farther the national movements advance from Western to Eastern Europe. They are dependent everywhere upon the assistance of other groups for survival and success: the assistance of aristocratic-military, but also rural and lower middle-class groups.

The nation-states possessed an unusually strong power of assimilation and left their mark, from a national-historical point of view, to such a strong degree upon the processes of social change that we were long accustomed to regarding them on the whole only from the standpoint of national history. In truth they were the executors of the modern industrial revolution, which is also the reason, even today, for their political and social decline. It took the major catastrophes of the last thirty years to make it apparent that there is no longer any place in the economic and political life of today for national decisions in the traditional sense and that, consequently, the shining hour of the national-state has run its course.

Résumé

La conférence produit des remarques inédites au sujet de l'Etat national européen comme phénomène historique. Il doit être essayé, aujourd'hui, d'examiner dans une vue comparante l'ensemble général d'idées des Etats nationaux en Europe, leur style commun, leurs symboles particuliers mais, aussi, les différentes phases de leur histoire commune. La nationalisation de l'Europe moderne qui a mis l'Etat national-souverain à la place de toutes autres formes d'Etat, se réalise dans trois grandes étapes, et ces trois étapes ne représentent pas seulement une suite chronologique, mais elles ont aussi produit des Etats nationaux de type différent. A la première étape, il se forme la nation moderne, en Angleterre et en France, au dedans d'un Etat existant, par une révolution intestine, comme collectivité des citoyens se basant sur certaines valeurs politiques et la volonté du peuple. La seconde phase ajoute la formation d'Etats nationaux unissant des parties séparées de nations; c'est l'heure des aspirations à l'unité en Allemagne et en Italie. A la troisième phase où, de l'Europe occidentale, l'histoire a été avancé par l'Europe centrale jusqu'à l'Europe orientale, il se développe, dans les grandes monarchies supranationales, une conscience nationale *contre* l'Etat, et l'Etat national se formant ici provient d'une sécession. Ainsi, tous les Etats nationaux, ici, sont nés d'une séparation de grands empires. – Chacune de ces phases répand des effets sur l'Europe entière, ce qui prouve le caractère universel du procédé à trois étapes de l'aspiration à l'Etat national.

Une mutation remarquable de l'idée de nation implique aussi le rapport entre langue et Etat. La langue devient une puissance qui décide de la réalisation de l'Etat national. D'où résulte, dans les années soixante du $19^{\text{ème}}$ siècle, la politique linguistique nationaliste de l'Etat national moderne avec son intolérance envers les langues des minorités, sa tendance à l'assimilation et, enfin, la tendance même d'expulser ou évaquer les hétérophones et de produire, de la manière la plus radicale, l'unité entre l'Etat national et la langue nationale.

Résumé

En fin de compte, l'Etat national pose encore un problème d'histoire sociale et sociologique. Qui est-ce, la «nation» qui, par les mouvements nationaux du 19ème siècle, est entendue d'une manière par trop simplifiante comme une forme de la société de tous états «sans classes»? Son noyau, dans tous les pays, est constitué par des couches bourgeoises, en première ligne les classes de civilisation et intelligence bourgeoises, qui se rétrécissent à fur et à mesure de la progression des mouvements nationaux de l'ouest vers l'est de l'Europe. Elles ont partout besoin d'être soutenues par d'autres couches sociales pour s'imposer et garder le terrain: le secours de groupes aristocratiques-militaires mais, aussi, de groupes paysans et de petite bourgeoisie.

Les Etats nationaux disposant d'une puissance d'assimilation extraordinairement grande, ils ont empreint, au point de vue histoire nationale, les procédés de transformation de la société à ce point que nous étions pour longtemps habitués à ne les considérer que sous l'angle de vue de l'histoire nationale. Les Etats nationaux étaient pour ainsi dire les exécuteurs de la révolution industrielle moderne. Et voilà la raison, aujourd'hui encore, de leur tirant d'eau politique et social. Les grandes catastrophes des trente années dernières, seulement, ont mis en évidence qu'il n'y a plus, sur les domaines de l'économie et de la politique de décisions nationales dans le sens traditionnel et que, avec cela, l'heure étoile de l'Etat national est écoulée.

VERÖFFENTLICHUNGEN DER ARBEITSGEMEINSCHAFT FÜR FORSCHUNG DES LANDES NORDRHEIN-WESTFALEN

AGF-N Heft Nr.   NATUR-, INGENIEUR- UND GESELLSCHAFTSWISSENSCHAFTEN

1	*Friedrich Seewald, Aachen*	Neue Entwicklungen auf dem Gebiete der Antriebsmaschinen
	Fritz A. F. Schmidt, Aachen	Technischer Stand und Zukunftsaussichten der Verbrennungsmaschinen, insbesondere der Gasturbinen
	Rudolf Friedrich, Mülheim (Ruhr)	Möglichkeiten und Voraussetzungen der industriellen Verwertung der Gasturbine
2	*Wolfgang Riezler †, Bonn*	Probleme der Kernphysik
	Fritz Micheel, Münster	Isotope als Forschungsmittel in der Chemie und Biochemie
3	*Emil Lehnartz, Münster*	Der Chemismus der Muskelmaschine
	Gunther Lehmann, Dortmund	Physiologische Forschung als Voraussetzung der Bestgestaltung der menschlichen Arbeit
	Heinrich Kraut, Dortmund	Ernährung und Leistungsfähigkeit
4	*Franz Wever, Düsseldorf*	Aufgaben der Eisenforschung
	Hermann Schenck, Aachen	Entwicklungslinien des deutschen Eisenhüttenwesens
	Max Haas, Aachen	Die wirtschaftliche und technische Bedeutung der Leichtmetalle und ihre Entwicklungsmöglichkeiten
5	*Walter Kikuth, Düsseldorf*	Virusforschung
	Rolf Danneel, Bonn	Fortschritte der Krebsforschung
	Werner Schulemann, Bonn	Wirtschaftliche und organisatorische Gesichtspunkte für die Verbesserung unserer Hochschulforschung
6	*Walter Weizel, Bonn*	Die gegenwärtige Situation der Grundlagenforschung in der Physik
	Siegfried Strugger †, Münster	Das Duplikantenproblem in der Biologie
	Fritz Gummert †, Essen	Überlegungen zu den Faktoren Raum und Zeit im biologischen Geschehen und Möglichkeiten einer Nutzanwendung
7	*August Götte, Aachen*	Steinkohle als Rohstoff und Energiequelle
	Karl Ziegler, Mülheim (Ruhr)	Über Arbeiten des Max-Planck-Instituts für Kohlenforschung
	Wilhelm Fucks, Aachen	Die Naturwissenschaft, die Technik und der Mensch
	Walther Hoffmann, Münster	Wirtschaftliche und soziologische Probleme des technischen Fortschritts
9	*Franz Bollenrath, Aachen*	Zur Entwicklung warmfester Werkstoffe
	Heinrich Kaiser, Dortmund	Stand spektralanalytischer Prüfverfahren und Folgerung für deutsche Verhältnisse
10	*Hans Braun, Bonn*	Möglichkeiten und Grenzen der Resistenzzüchtung
	Carl Heinrich Dencker, Bonn	Der Weg der Landwirtschaft von der Energieautarkie zur Fremdenergie
11	*Herwart Opitz, Aachen*	Entwicklungslinien der Fertigungstechnik in der Metallbearbeitung
	Karl Krekeler, Aachen	Stand und Aussichten der schweißtechnischen Fertigungsverfahren
12	*Hermann Rathert, W'tal-Elberfeld*	Entwicklung auf dem Gebiet der Chemiefaser-Herstellung
	Wilhelm Weltzien †, Krefeld	Rohstoff und Veredlung in der Textilwirtschaft
13	*Karl Herz, Frankfurt a. M.*	Die technischen Entwicklungstendenzen im elektrischen Nachrichtenwesen
	Leo Brandt, Düsseldorf	Navigation und Luftsicherung
14	*Burckhardt Helferich, Bonn*	Stand der Enzymchemie und ihre Bedeutung
	Hugo Wilhelm Knipping, Köln	Ausschnitt aus der klinischen Carcinomforschung am Beispiel des Lungenkrebses

15	*Abraham Esau †, Aachen*	Ortung mit elektrischen u. Ultraschallwellen in Technik u. Natur
	Eugen Flegler, Aachen	Die ferromagnetischen Werkstoffe der Elektrotechnik und ihre neueste Entwicklung
16	*Rudolf Seyffert, Köln*	Die Problematik der Distribution
	Theodor Beste, Köln	Der Leistungslohn
17	*Friedrich Seewald, Aachen*	Die Flugtechnik und ihre Bedeutung für den allgemeinen technischen Fortschritt
	Edouard Houdremont †, Essen	Art und Organisation der Forschung in einem Industriekonzern
18	*Werner Schulemann, Bonn*	Theorie und Praxis pharmakologischer Forschung
	Wilhelm Groth, Bonn	Technische Verfahren zur Isotopentrennung
19	*Kurt Traenckner †, Essen*	Entwicklungstendenzen der Gaserzeugung
20	*M. Zvegintzov, London*	Wissenschaftliche Forschung und die Auswertung ihrer Ergebnisse
		Ziel und Tätigkeit der National Research Development Corporation
	Alexander King, London	Wissenschaft und internationale Beziehungen
21	*Robert Schwarz †, Aachen*	Wesen und Bedeutung der Siliciumchemie
	Kurt Alder †, Köln	Fortschritte in der Synthese der Kohlenstoffverbindungen
21a	*Karl Arnold †*	Forschung an Rhein und Ruhr
	Otto Hahn, Göttingen	Die Bedeutung der Grundlagenforschung für die Wissenschaft
	Siegfried Strugger †, Münster	Die Erforschung des Wasser- und Nährsalztransportes im Pflanzenkörper mit Hilfe der fluoreszenzmikroskopischen Kinematographie
22	*Johannes von Allesch, Göttingen*	Die Bedeutung der Psychologie im öffentlichen Leben
	Otto Graf, Dortmund	Triebfedern menschlicher Leistung
23	*Bruno Kuske, Köln*	Zur Problematik der wirtschaftswissenschaftlichen Raumforschung
	Stephan Prager, Düsseldorf	Städtebau und Landesplanung
24	*Rolf Danneel, Bonn*	Über die Wirkungsweise der Erbfaktoren
	Kurt Herzog, Krefeld	Der Bewegungsbedarf der menschlichen Gliedmaßengelenke bei der Arbeit
25	*Otto Haxel, Heidelberg*	Energiegewinnung aus Kernprozessen
	Max Wolf, Düsseldorf	Gegenwartsprobleme der energiewirtschaftlichen Forschung
26	*Friedrich Becker, Bonn*	Ultrakurzwellenstrahlung aus dem Weltraum
	Hans Straßl, Münster	Bemerkenswerte Doppelsterne und das Problem der Sternentwicklung
27	*Heinrich Behnke, Münster*	Der Strukturwandel der Mathematik in der ersten Hälfte des 20. Jahrhunderts
	Emanuel Sperner, Hamburg	Eine mathematische Analyse der Luftdruckverteilungen in großen Gebieten
28	*Oskar Niemczyk †, Berlin*	Die Problematik gebirgsmechanischer Vorgänge im Steinkohlenbergbau
	Wilhelm Ahrens, Krefeld	Die Bedeutung geologischer Forschung für die Wirtschaft, besonders in Nordrhein-Westfalen
29	*Bernhard Rensch, Münster*	Das Problem der Residuen bei Lernvorgängen
	Hermann Fink, Köln	Über Leberschäden bei der Bestimmung des biologischen Wertes verschiedener Eiweiße von Mikroorganismen
30	*Friedrich Seewald, Aachen*	Forschungen auf dem Gebiet der Aerodynamik
	Karl Leist †, Aachen	Einige Forschungsarbeiten aus der Gasturbinentechnik
31	*Fritz Mietzsch †, Wuppertal*	Chemie und wirtschaftliche Bedeutung der Sulfonamide
	Gerhard Domagk †, Wuppertal	Die experimentellen Grundlagen der bakteriellen Infektionen
32	*Hans Braun, Bonn*	Die Verschleppung von Pflanzenkrankheiten und Schädlingen über die Welt
	Wilhelm Rudorf, Köln	Der Beitrag von Genetik und Züchtung zur Bekämpfung von Viruskrankheiten der Nutzpflanzen

33	Volker Aschoff, Aachen	Probleme der elektroakustischen Einkanalübertragung
	Herbert Döring, Aachen	Die Erzeugung und Verstärkung von Mikrowellen
34	Rudolf Schenck, Aachen	Bedingungen und Gang der Kohlenhydratsynthese im Licht
	Emil Lehnartz, Münster	Die Endstufen des Stoffabbaues im Organismus
34a	Wilhelm Fucks, Aachen	Mathematische Analyse von Sprachelementen, Sprachstil und Sprachen
35	Hermann Schenck, Aachen	Gegenwartsprobleme der Eisenindustrie in Deutschland
	Eugen Piwowarsky †, Aachen	Gelöste und ungelöste Probleme im Gießereiwesen
36	Wolfgang Riezler †, Bonn	Teilchenbeschleuniger
	Gerhard Schubert, Hamburg	Anwendungen neuer Strahlenquellen in der Krebstherapie
37	Franz Lotze, Münster	Probleme der Gebirgsbildung
38	E. Colin Cherry, London	Kybernetik. Die Beziehung zwischen Mensch und Maschine
	Erich Pietsch, Frankfurt	Dokumentation und mechanisches Gedächtnis – zur Frage der Ökonomie der geistigen Arbeit
39	Abraham Esau †, Aachen	Der Ultraschall und seine technischen Anwendungen
	Heinz Haase, Hamburg	Infrarot und seine technischen Anwendungen
40	Fritz Lange, Bochum-Hordel	Die wirtschaftliche und soziale Bedeutung der Silikose im Bergbau
	Walter Kikuth und Werner Schlipköter, Düsseldorf	Die Entstehung der Silikose und ihre Verhütungsmaßnahmen
40a	Eberhard Gross, Bonn	Berufskrebs und Krebsforschung
	Hugo Wilhelm Knipping, Köln	Die Situation der Krebsforschung vom Standpunkt der Klinik
41	Gustav-Victor Lachmann, London	An einer neuen Entwicklungsschwelle im Flugzeugbau
	A. Gerber, Zürich-Oerlikon	Stand der Entwicklung der Raketen- und Lenktechnik
42	Theodor Kraus, Köln	Über Lokalisationsphänomene und Ordnungen im Raume
	Fritz Gummert †, Essen	Vom Ernährungsversuchsfeld der Kohlenstoffbiologischen Forschungsstation Essen
42a	Gerhard Domagk †, Wuppertal	Fortschritte auf dem Gebiet der experimentellen Krebsforschung
43	Giovanni Lampariello, Rom	Das Leben und das Werk von Heinrich Hertz
	Walter Weizel, Bonn	Das Problem der Kausalität in der Physik
43a	José Ma Albareda, Madrid	Die Entwicklung der Forschung in Spanien
44	Burckhardt Helferich, Bonn	Über Glykoside
	Fritz Micheel, Münster	Kohlenhydrat-Eiweißverbindungen und ihre biochemische Bedeutung
45	John von Neumann †, Princeton	Entwicklung und Ausnutzung neuerer mathematischer Maschinen
	Eduard Stiefel, Zürich	Rechenautomaten im Dienste der Technik
46	Wilhelm Weltzien †, Krefeld	Ausblick auf die Entwicklung synthetischer Fasern
	Walther G. Hoffmann, Münster	Wachstumsprobleme der Wirtschaft
47	Leo Brandt, Düsseldorf	Die praktische Förderung der Forschung in Nordrhein-Westfalen
	Ludwig Raiser, Tübingen	Die Förderung der angewandten Forschung durch die Deutsche Forschungsgemeinschaft
48	Hermann Tromp, Rom	Die Bestandsaufnahme der Wälder der Welt als internationale und wissenschaftliche Aufgabe
	Franz Heske, Hamburg	Die Wohlfahrtswirkungen des Waldes als internationales Problem
49	Günther Böhnecke, Hamburg	Zeitfragen der Ozeanographie
	Heinz Gabler, Hamburg	Nautische Technik und Schiffssicherheit
50	Fritz A. F. Schmidt, Aachen	Probleme der Selbstzündung und Verbrennung bei der Entwicklung der Hochleistungskraftmaschinen
	August Wilhelm Quick, Aachen	Ein Verfahren zur Untersuchung des Austauschvorganges in verwirbelten Strömungen hinter Körpern mit abgelöster Strömung
51	Johannes Pätzold, Erlangen	Therapeutische Anwendung mechanischer und elektrischer Energie

52	F. W. A. Patmore, London	Der Air Registration Board und seine Aufgaben im Dienste der britischen Flugzeugindustrie
	A. D. Young, London	Gestaltung der Lehrtätigkeit in der Luftfahrttechnik in Großbritannien
52a	C. Martin, London	Die Royal Society
	A. J. A. Roux, Südafrikanische Union	Probleme der wissenschaftlichen Forschung in der Südafrikanischen Union
53	Georg Schnadel, Hamburg	Forschungsaufgaben zur Untersuchung der Festigkeitsprobleme im Schiffsbau
	Wilhelm Sturtzel, Duisburg	Forschungsaufgaben zur Untersuchung der Widerstandsprobleme im See- und Binnenschiffbau
53a	Giovanni Lampariello, Rom	Von Galilei zu Einstein
54	Walter Dieminger, Lindau/Harz	Ionosphäre und drahtloser Weitverkehr
54a	John Cockcroft, F.R.S., Cambridge	Die friedliche Anwendung der Atomenergie
55	Fritz Schultz-Grunow, Aachen	Kriechen und Fließen hochzäher und plastischer Stoffe
	Hans Ebner, Aachen	Wege und Ziele der Festigkeitsforschung, insbesondere im Hinblick auf den Leichtbau
56	Ernst Derra, Düsseldorf	Der Entwicklungsstand der Herzchirurgie
	Gunther Lehmann, Dortmund	Muskelarbeit und Muskelermüdung in Theorie und Praxis
57	Theodor von Kármán †, Pasadena	Freiheit und Organisation in der Luftfahrtforschung
	Leo Brandt, Düsseldorf	Bericht über den Wiederbeginn deutscher Luftfahrtforschung
58	Fritz Schröter, Ulm	Neue Forschungs- und Entwicklungsrichtungen im Fernsehen
	Albert Narath, Berlin	Der gegenwärtige Stand der Filmtechnik
59	Richard Courant, New York	Die Bedeutung der modernen mathematischen Rechenmaschinen für mathematische Probleme der Hydrodynamik und Reaktortechnik
	Ernst Peschl, Bonn	Die Rolle der komplexen Zahlen in der Mathematik und die Bedeutung der komplexen Analysis
60	Wolfgang Flaig, Braunschweig	Zur Grundlagenforschung auf dem Gebiet des Humus und der Bodenfruchtbarkeit
	Eduard Mückenhausen, Bonn	Typologische Bodenentwicklung und Bodenfruchtbarkeit
61	Walter Georgii, München	Aerophysikalische Flugforschung
	Klaus Oswatitsch, Aachen	Gelöste und ungelöste Probleme der Gasdynamik
62	Adolf Butenandt, München	Über die Analyse der Erbfaktorenwirkung und ihre Bedeutung für biochemische Fragestellungen
63	Oskar Morgenstern, Princeton	Der theoretische Unterbau der Wirtschaftspolitik
64	Bernhard Rensch, Münster	Die stammesgeschichtliche Sonderstellung des Menschen
65	Wilhelm Tönnis, Köln	Die neuzeitliche Behandlung frischer Schädelhirnverletzungen
65a	Siegfried Strugger †, Münster	Die elektronenmikroskopische Darstellung der Feinstruktur des Protoplasmas mit Hilfe der Uranylmethode und die zukünftige Bedeutung dieser Methode für die Erforschung der Strahlenwirkung
66	Wilhelm Fucks, Gerd Schumacher und Andreas Scheidweiler, Aachen	Bildliche Darstellung der Verteilung und der Bewegung von radioaktiven Substanzen im Raum, insbesondere von biologischen Objekten (Physikalischer Teil)
	Hugo Wilhelm Knipping und Erich Liese, Köln	Bildgebung von Radioisotopenelementen im Raum bei bewegten Objekten (Herz, Lungen etc.) (Medizinischer Teil)
67	Friedrich Paneth †, Mainz	Die Bedeutung der Isotopenforschung für geochemische und kosmochemische Probleme
	J. Hans D. Jensen und H. A. Weidenmüller, Heidelberg	Die Nichterhaltung der Parität
67a	Francis Perrin, Paris	Die Verwendung der Atomenergie für industrielle Zwecke
68	Hans Lorenz, Berlin	Forschungsergebnisse auf dem Gebiete der Bodenmechanik als Wegbereiter für neue Gründungsverfahren
	Georg Garbotz, Aachen	Die Bedeutung der Baumaschinen- und Baubetriebsforschung für die Praxis

69	*Maurice Roy, Chatillon*	Luftfahrtforschung in Frankreich und ihre Perspektiven im Rahmen Europas
	Alexander Naumann, Aachen	Methoden und Ergebnisse der Windkanalforschung
69a	*Harry W. Melville, London*	Die Anwendung von radioaktiven Isotopen und hoher Energiestrahlung in der polymeren Chemie
70	*Eduard Justi, Braunschweig*	Elektrothermische Kühlung und Heizung. Grundlagen und Möglichkeiten
	Richard Vieweg, Braunschweig	Maß und Messen in Geschichte und Gegenwart
71	*Fritz Baade, Kiel*	Gesamtdeutschland und die Integration Europas
	Günther Schmölders, Köln	Ökonomische Verhaltensforschung
72	*Rudolf Wille, Berlin*	Modellvorstellungen zum Übergang Laminar-Turbulent
	Josef Meixner, Aachen	Neuere Entwicklung der Thermodynamik
73	*Ake Gustafsson, Diter v. Wettstein und Lars Ehrenberg, Stockholm*	Mutationsforschung und Züchtung
	Joseph Straub, Köln	Mutationsauslösung durch ionisierende Strahlung
74	*Martin Kersten, Aachen*	Neuere Versuche zur physikalischen Deutung technischer Magnetisierungsvorgänge
	Günther Leibfried, Aachen	Zur Theorie idealer Kristalle
75	*Wilhelm Klemm, Münster*	Neue Wertigkeitsstufen bei den Übergangselementen
	Helmut Zahn, Aachen	Die Wollforschung in Chemie und Physik von heute
76	*Henri Cartan, Paris*	Nicolas Bourbaki und die heutige Mathematik
76a	*Harald Cramér, Stockholm*	Aus der neueren mathematischen Wahrscheinlichkeitslehre
77	*Georg Melchers, Tübingen*	Die Bedeutung der Virusforschung für die moderne Genetik
	Alfred Kühn, Tübingen	Über die Wirkungsweise von Erbfaktoren
78	*Fréderic Ludwig, Paris*	Experimentelle Studien über die Distanzeffekte in bestrahlten vielzelligen Organismen
	A. H. W. Aten jr., Amsterdam	Die Anwendung radioaktiver Isotope in der chemischen Forschung
79	*Hans Herloff Inhoffen und Wilhelm Bartmann, Braunschweig*	Chemische Übergänge von Gallensäuren in cancerogene Stoffe und ihre möglichen Beziehungen zum Krebsproblem
	Rolf Danneel, Bonn	Entstehung, Funktion und Feinbau der Mitochondrien
80	*Max Born, Bad Pyrmont*	Der Realitätsbegriff in der Physik
81	*Joachim Wüstenberg, Gelsenkirchen*	Der gegenwärtige ärztliche Standpunkt zum Problem der Beeinflussung der Gesundheit durch Luftverunreinigungen
82	*Paul Schmidt, München*	Periodisch wiederholte Zündungen durch Stoßwellen
83	*Walter Kikuth, Düsseldorf*	Die Infektionskrankheiten im Spiegel historischer und neuzeitlicher Betrachtungen
84	*F. Rudolf Jung †, Aachen*	Die geodätische Erschließung Kanadas durch elektronische Entfernungsmessung
84a	*Hans-Ernst Schwiete, Aachen*	Ein zweites Steinzeitalter? – Gesteinshüttenkunde früher und heute
85	*Horst Rothe, Karlsruhe*	Der Molekularverstärker und seine Anwendung
	Roland Lindner, Göteborg	Atomkernforschung und Chemie, aktuelle Probleme
86	*Paul Denzel, Aachen*	Technische und wirtschaftliche Probleme der Energieumwandlung und -fortleitung
87	*Jean Capelle, Lyon*	Der Stand der Ingenieurausbildung in Frankreich
88	*Friedrich Panse, Düsseldorf*	Klinische Psychologie, ein psychiatrisches Bedürfnis
	Heinrich Kraut, Dortmund	Über die Deckung des Nährstoffbedarfs in Westdeutschland
89	*Wilhelm Bischof, Dortmund*	Materialprüfung – Praxis und Wissenschaft
90	*Edgar Rößger, Berlin*	Zur Analyse der auf angebotene tkm umgerechneten Verkehrsaufwendungen und Verkehrserträge im Luftverkehr
	Günther Ulbricht, Oberpfaffenhofen (Obb.)	Die Funknavigationsverfahren und ihre physikalischen Grenzen
91	*Franz Wever, Düsseldorf*	Das Schwert in Mythos und Handwerk
	Ernst Hermann Schulz, Dortmund	Über die Ergebnisse neuerer metallkundlicher Untersuchungen alter Eisenfunde und ihre Bedeutung für die Technik und die Archäologie

92	*Hermann Schenck, Aachen*	Wertung und Nutzung der wissenschaftlichen Arbeit am Beispiel des Eisenhüttenwesens
93	*Oskar Löbl, Essen*	Streitfragen bei der Kostenberechnung des Atomstroms
	Frederic de Hoffmann, San Diego (USA)	Ein neuer Weg zur Kostensenkung des Atomstroms. Das amerikanische Hochtemperaturprojekt (NTGR)
	Rudolf Schulten, Mannheim	Die Entwicklung des Hochtemperaturreaktors
94	*Gunther Lehmann, Dortmund*	Die Einwirkung des Lärms auf den Menschen
	Franz Josef Meister, Düsseldorf	Geräuschmessungen an Verkehrsflugzeugen und ihre hörpsychologische Bewertung
95	*Pierre Piganiol, Paris*	Probleme der Organisation der wissenschaftlichen Forschung
	Gaston Berger †, Paris	Die Akzeleration der Geschichte und ihre Folgen für die Erziehung
96	*Herwart Opitz, Aachen*	Technische und wirtschaftliche Aspekte der Automatisierung
	Joseph Mathieu, Aachen	Arbeitswissenschaftliche Aspekte der Automatisierung
97	*Stephan Prager, Düsseldorf*	Das deutsche Luftbildwesen
	Hugo Kasper, Heerbrugg (Schweiz)	Die Technik des Luftbildwesens
98	*Karl Oberdisse, Düsseldorf*	Aktuelle Probleme der Diabetesforschung
	H. D. Cremer, Gießen	Neue Gesichtspunkte zur Vitaminversorgung
99	*Hans Schwippert, Düsseldorf*	Über das Haus der Wissenschaften und die Arbeit des Architekten von heute
	Volker Aschoff, Aachen	Über die Planung großer Hörsäle
100	*Raymond Cheradame, Paris*	Aufgaben und Probleme des Instituts für Kohleforschung in Frankreich – Anforderungen an den wissenschaftlichen Nachwuchs in der Forschung und seine Ausbildung
	Marc Allard, St. Germain-en Laye	Das Institut für Eisenforschung in Frankreich und seine Probleme in der Eisenforschung
101	*Reimar Pohlmann, Aachen*	Die neuesten Ergebnisse der Ultraschallforschung in Anwendung und Ausblick auf die moderne Technik
	E. Ahrens, Kiel	Schall und Ultraschall in der Unterwassernachrichtentechnik
102	*Heinrich Hertel, Berlin*	Grundlagenforschung für Entwurf und Konstruktion von Flugzeugen
103	*Franz Ollendorff, Haifa*	Technische Erziehung in Israel
104	*Hans Ferdinand Mayer, München*	Interkontinentale Nachrichtenübertragung mittels moderner Tiefseekabel und Satellitenverbindungen
105	*Wilhelm Krelle, Bonn*	Gelöste und ungelöste Probleme der Unternehmensforschung
	Horst Albach, Bonn	Produktionsplanung auf der Grundlage technischer Verbrauchsfunktionen
106	*Lord Hailsham, London*	Staat und Wissenschaft in einer freien Gesellschaft
107	*Richard Courant, New York; Frederic de Hoffmann, San Diego; Charles King Campbell, New York; John W. Tuthill, Paris*	Forschung und Industrie in den USA – ihre internationale Verflechtung
108	*André Voisin, Frankreich*	Über die Verbindung der Gesundheit des modernen Menschen mit der Gesundheit des Bodens
	Hans Braun, Bonn	Standort und Pflanzengesundheit
109	*Alfred Neuhaus, Bonn*	Höchstdruck-Hochtemperatur-Synthesen, ihre Methoden und Ergebnisse
	Rudolf Tschesche, Bonn	Chemie und Genetik
110	*Uichi Hashimoto, Tokyo*	Ein geschichtlicher Rückblick auf die Erziehung und die wissenschaftstechnische Forschung in Japan von der Meiji-Restauration bis zur Gegenwart
111	*Sir Basil Schonland, Harwell*	Einige Gesichtspunkte über die friedlichen Verwendungsmöglichkeiten der Atomenergie

112	*Wilhelm Fucks, Aachen*	Über Arbeiten zur Hydromagnetik elektrisch leitender Flüssigkeiten, über Verdichtungsstöße und aus der Hochtemperaturplasmaphysik
	Hermann L. Jordan, Jülich	Erzeugung von Plasma hoher Temperatur durch magnetische Kompression
113	*Friedrich Becker, Bonn*	Vier Jahre Radioastronomie an der Universität Bonn
	Werner Ruppel, Rolandseck	Große Richtantennen
114	*Bernhard Rensch, Münster*	Gedächtnis, Abstraktion und Generalisation bei Tieren
115	*Hermann Flohn, Bonn*	Klimaschwankungen und großräumige Klimabeeinflussung
116	*Georg Hugel, Ville-D'Array*	Über Petrolchemie
117	*August Wilhelm Quick, Aachen*	Komponenten der Raumfahrt
	Georg Emil Knausenberger, Oberpfaffenhofen	Steuerung und Regelung in der Raumfahrttechnik
118	*Karl Steinbuch, Karlsruhe*	Über Kybernetik
	Wolf-Dieter Keidel, Erlangen	Kybernetische Systeme des menschlichen Organismus
119	*Walter Kikuth, Düsseldorf*	Die biologische Wirkung von staub- und gasförmigen Immissionen
	Franz Grosse-Brockhoff, Düsseldorf	Die Technik im Dienste moderner kardiologischer Diagnostik
120	*Milton Burton, Notre Dame, Ind., USA*	Energie-„Dissipation" in der Strahlenchemie
	Günther O. Schenck, Mülheim (Ruhr)	Mehrzentren-Termination
121	*Fritz Micheel, Münster*	Synthese von Polysacchariden
	Paul F. Pelshenke, Detmold	Neuere Ergebnisse der Getreide- und Brotforschung
122	*Karl Steimel, Frankfurt (Main)*	Der Standort der Industrieforschung in Forschung und Technik
	Fritz Machlup, Princeton (USA)	Die Produktivität der naturwissenschaftlichen und technischen Forschung und Entwicklung
123	*Wassily Leontief, Cambridge (USA)*	Die multiregionale Input-Output-Analyse
	Rolf Wagenführ, Brüssel	Die multiregionale Input-Output-Analyse im Rahmen der EWG: Statistisch-methodologische Probleme
124	*Otto Robert Frisch, Cambridge (England)*	Die Elementarteilchen der Physik
	Wilhelm Fucks, Aachen	Mathematische Analyse von Formalstrukturen von Werken der Musik
125	*Max Delbrück, Köln-Pasadena (USA)*	Über Vererbungschemie
126	*Helmut Winterhager, Aachen*	Vakuum-Metallurgie auf dem Gebiet der Nichteisen-Metalle
	Rudolf Spolders, Essen	Anwendung der Vakuumbehandlung bei der Stahlerzeugung
127	*Werner Nestel, Ulm (Donau)*	Grenzen und Aussichten des Nachrichtenverkehrs
	Wolfgang Haack, Berlin	Beobachtung des Luftraumes durch automatische Verarbeitung der Informationen von Rundsichtgeräten mittels digitaler Rechenautomaten
128	*Martin Schmeisser, Aachen*	Neue Ergebnisse der Halogen-Chemie
	Karl Ziegler, Mülheim-Ruhr	Aus den neueren Arbeiten des Max-Planck-Instituts für Kohlenforschung, Mülheim-Ruhr
129	*Sir Roger Makins, London*	Die Atomenergie im Vereinigten Königreich
	Sir John Cockcroft, London	Die wissenschaftlichen und technischen Leistungen von Hochfluß-Forschungsreaktoren
130	*Stefan Meiring Naudé, Pretoria (Südafrika)*	Der Südafrikanische Forschungsrat für Wissenschaft und Industrie
131	*William P. Allis, Paris*	Langfristige Planung und Aufgaben der Atlantischen Zusammenarbeit auf verschiedenen Gebieten in Naturwissenschaft und Technik

132	*August-Wilhelm Quick, Aachen*	Die Bedeutung eines deutschen Beitrages zur Weltraumfahrt
134	*Louis Bugnard, Paris*	Aufbau und Aufgaben des Institut National d'Hygiène, Paris, im Dienst der medizinischen Forschung
135	*Fritz Burgbacher, Köln*	Die Energiesituation in der Bundesrepublik und die Zukunftsaussichten der Kohle
	Willi Ochel, Dortmund	Der Wandel in der Stahlerzeugung und die Auswirkungen auf die Wirtschaft unseres Landes
136	*George McGhee, Bad Godesberg*	Natürliche Hilfsquellen der Welt: Die Situation heute und in der Zukunft The World's Natural Resources Position: Present and Future
137	*Heinrich Mandel, Essen*	Die Entwicklung der Stromerzeugungsmöglichkeiten und das unternehmerische Wagnis der Elektrizitätswirtschaft
138	*Volker Aschoff, Aachen*	Über das räumliche Hören
	Jürgen Aschoff, Erling-Andechs	Biologische Periodik als selbsterregte Schwingung
139	*Pierre Auger, Paris*	Die wissenschaftliche Forschung als internationale Aufgabe
	Eugen M. Knoernschild, Porz-Wahn (Rhld.)	Die Bedeutung der Plasma-Antriebe in der Raumfahrt

AGF-G　　　　　　　　　　　GEISTESWISSENSCHAFTEN
Heft Nr.

1	*Werner Richter †, Bonn*	Von der Bedeutung der Geisteswissenschaften für die Bildung unserer Zeit
	Joachim Ritter, Münster	Die Lehre vom Ursprung und Sinn der Theorie bei Aristoteles
2	*Josef Kroll, Köln*	Elysium
	Günther Jachmann, Köln	Die vierte Ekloge Vergils
3	*Hans Erich Stier, Münster*	Die klassische Demokratie
4	*Werner Caskel, Köln*	Lihyan und Lihyanisch. Sprache und Kultur eines früharabischen Königreiches
5	*Thomas Ohm, O. S. B. †, Münster*	Stammesreligionen im südlichen Tanganjika-Territorium
6	*Georg Schreiber †, Münster*	Deutsche Wissenschaftspolitiker von Bismarck bis zum Atomwissenschaftler Otto Hahn
7	*Walter Holtzmann †, Bonn*	Das mittelalterliche Imperium und die werdenden Nationen
8	*Werner Caskel, Köln*	Die Bedeutung der Beduinen in der Geschichte der Araber
9	*Georg Schreiber †, Münster*	Irland im deutschen und abendländischen Sakralraum
10	*Peter Rassow †, Köln*	Forschungen zur Reichs-Idee im 16. und 17. Jahrhundert
11	*Hans Erich Stier, Münster*	Roms Aufstieg zur Weltmacht und die griechische Welt
12	*Karl Heinrich Rengstorf, Münster*	Mann und Frau im Urchristentum
	Hermann Conrad, Bonn	Grundprobleme einer Reform des Familienrechtes
13	*Max Braubach, Bonn*	Der Weg zum 20. Juli 1944. Ein Forschungsbericht
15	*Franz Steinbach, Bonn*	Der geschichtliche Weg des wirtschaftenden Menschen in die soziale Freiheit und politische Verantwortung
16	*Josef Koch, Köln*	Die Ars coniecturalis des Nikolaus von Kues
17	*James B. Conant, USA*	Staatsbürger und Wissenschaftler
	Karl Heinrich Rengstorf, Münster	Antike und Christentum
19	*Fritz Schalk, Köln*	Das Lächerliche in der französischen Literatur des Ancien Régime
20	*Ludwig Raiser, Tübingen*	Rechtsfragen der Mitbestimmung
21	*Martin Noth, Bonn*	Das Geschichtsverständnis der alttestamentlichen Apokalyptik
22	*Walter F. Schirmer, Bonn*	Glück und Ende der Könige in Shakespeares Historien
23	*Günther Jachmann, Köln*	Der homerische Schiffskatalog und die Ilias (erschienen als wissenschaftliche Abhandlung)
24	*Theodor Klauser, Bonn*	Die römische Petrustradition im Lichte der neuen Ausgrabungen unter der Peterskirche
25	*Hans Peters, Köln*	Die Gewaltentrennung in moderner Sicht
28	*Thomas Ohm, O.S.B.†, Münster*	Die Religionen in Asien
29	*Johann Leo Weisgerber, Bonn*	Die Ordnung der Sprache im persönlichen und öffentlichen Leben
30	*Werner Caskel, Köln*	Entdeckungen in Arabien
31	*Max Braubach, Bonn*	Landesgeschichtliche Bestrebungen und historische Vereine im Rheinland
32	*Fritz Schalk, Köln*	Somnium und verwandte Wörter in den romanischen Sprachen
33	*Friedrich Dessauer, Frankfurt*	Reflexionen über Erbe und Zukunft des Abendlandes
34	*Thomas Ohm, O.S.B.†, Münster*	Ruhe und Frömmigkeit. Ein Beitrag zur Lehre von der Missionsmethode
35	*Hermann Conrad, Bonn*	Die mittelalterliche Besiedlung des deutschen Ostens und das Deutsche Recht
36	*Hans Sckommodau, Köln*	Die religiösen Dichtungen Margaretes von Navarra
37	*Herbert von Einem, Bonn*	Der Mainzer Kopf mit der Binde
38	*Joseph Höffner, Münster*	Statik und Dynamik in der scholastischen Wirtschaftsethik
39	*Fritz Schalk, Köln*	Diderots Essai über Claudius und Nero
40	*Gerhard Kegel, Köln*	Probleme des internationalen Enteignungs- und Währungsrechts
41	*Johann Leo Weisgerber, Bonn*	Die Grenzen der Schrift – Der Kern der Rechtschreibreform
43	*Theodor Schieder, Köln*	Die Probleme des Rapallo-Vertrags. Eine Studie über die deutsch-russischen Beziehungen 1922–1926
44	*Andreas Rumpf, Köln*	Stilphasen der spätantiken Kunst

45	*Ulrich Luck, Münster*	Kerygma und Tradition in der Hermeneutik Adolf Schlatters
46	*Walter Holtzmann †, Bonn*	Das deutsche historische Institut in Rom
	Graf Wolff Metternich, Rom	Die Bibliotheca Hertziana und der Palazzo Zuccari zu Rom
47	*Harry Westermann, Münster*	Person und Persönlichkeit als Wert im Zivilrecht
49	*Friedrich Karl Schumann †, Münster*	Mythos und Technik
52	*Hans J. Wolff, Münster*	Die Rechtsgestalt der Universität
54	*Max Braubach, Bonn*	Der Einmarsch deutscher Truppen in die entmilitarisierte Zone am Rhein im März 1936. Ein Beitrag zur Vorgeschichte des zweiten Weltkrieges
55	*Herbert von Einem, Bonn*	Die „Menschwerdung Christi" des Isenheimer Altares
56	*Ernst Joseph Cohn, London*	Der englische Gerichtstag
57	*Albert Woopen, Aachen*	Die Zivilehe und der Grundsatz der Unauflöslichkeit der Ehe in der Entwicklung des italienischen Zivilrechts
58	*Parl Kerényi, Ascona*	Die Herkunft der Dionysosreligion nach dem heutigen Stand der Forschung
59	*Herbert Jankuhn, Göttingen*	Die Ausgrabungen in Haithabu und ihre Bedeutung für die Handelsgeschichte des frühen Mittelalters
60	*Stephan Skalweit, Bonn*	Edmund Burke und Frankreich
62	*Anton Moortgat, Berlin*	Archäologische Forschungen der Max-Freiherr-von-Oppenheim-Stiftung im nördlichen Mesopotamien 1955
63	*Joachim Ritter, Münster*	Hegel und die französische Revolution
66	*Werner Conze, Heidelberg*	Die Strukturgeschichte des technisch-industriellen Zeitalters als Aufgabe für Forschung und Unterricht
67	*Gerhard Hess, Bad Godesberg*	Zur Entstehung der „Maximen" La Rochefoucaulds
69	*Ernst Langlotz, Bonn*	Der triumphierende Perseus
70	*Geo Widengren, Uppsala*	Iranisch-semitische Kulturbegegnung in parthischer Zeit
71	*Josef M. Wintrich †, Karlsruhe*	Zur Problematik der Grundrechte
72	*Josef Pieper, Münster*	Über den Begriff der Tradition
73	*Walter T. Schirmer, Bonn*	Die frühen Darstellungen des Arthurstoffes
74	*William Lloyd Prosser, Berkeley*	Kausalzusammenhang und Fahrlässigkeit
75	*Johann Leo Weisgerber, Bonn*	Verschiebung in der sprachlichen Einschätzung von Menschen und Sachen (erschienen als wissenschaftliche Abhandlung)
76	*Walter H. Bruford, Cambridge*	Fürstin Gallitzin und Goethe. Das Selbstvervollkommnungsideal und seine Grenze
77	*Hermann Conrad, Bonn*	Die geistigen Grundlagen des Allgemeinen Landrechts für die preußischen Staaten von 1794
78	*Herbert von Einem, Bonn*	Asmus Jacob Carsten, Die Nacht mit ihren Kindern
79	*Paul Gieseke, Bad Godesberg*	Eigentum und Grundwasser
80	*Werner Richter †, Bonn*	Wissenschaft und Geist in der Weimarer Republik
81	*Leo Weisgerber, Bonn*	Sprachenrecht und europäische Einheit
82	*Otto Kirchheimer, New York*	Gegenwartsprobleme der Asylgewährung
83	*Alexander Knur, Bad Godesberg*	Probleme der Zugewinngemeinschaft
84	*Helmut Coing, Frankfurt*	Die juristischen Auslegungsmethoden und die Lehren der allgemeinen Hermeneutik
85	*André George, Paris*	Der Humanismus und die Krise der Welt von heute
86	*Harald von Petrikovits, Bonn*	Das römische Rheinland. Archäologische Forschungen seit 1945
87	*Franz Steinbach, Bonn*	Ursprung und Wesen der Landgemeinde nach rheinischen Quellen
88	*Jost Trier, Münster*	Versuch über Flußnamen
89	*C. R. van Paassen, Amsterdam*	Platon in den Augen der Zeitgenossen
90	*Pietro Quaroni, Rom*	Die kulturelle Sendung Italiens
91	*Theodor Klauser, Bonn*	Christlicher Märtyrerkult, heidnischer Heroenkult und spätjüdische Heiligenverehrung
92	*Herbert von Eimen, Bonn*	Karl V. und Tizian
93	*Friedrich Merzbacher, München*	Die Bischofsstadt
94	*Martin Noth, Bonn*	Die Ursprünge des alten Israel im Lichte neuer Quellen

95	*Hermann Conrad, Bonn*	Rechtsstaatliche Bestrebungen im Absolutismus Preußens und Österreichs am Ende des 18. Jahrhunderts
96	*Helmut Schelsky, Münster*	Der Mensch in der wissenschaftlichen Zivilisation
97	*Joseph Höffner, Münster*	Industrielle Revolution und religiöse Krise. Schwund und Wandel des religiösen Verhaltens in der modernen Gesellschaft
98	*James Boyd, Oxford*	Goethe und Shakespeare
99	*Herbert von Einem, Bonn*	Das Abendmahl des Leonardo da Vinci
100	*Ferdinand Elsener, Tübingen*	Notare und Stadtschreiber. Zur Geschichte des schweizerischen Notariats
102	*Ahasver v. Brandt, Lübeck*	Die Hanse und die nordischen Mächte im Mittelalter
103	*Gerhard Kegel, Köln*	Die Grenze von Qualifikation und Renvoi im internationalen Verjährungsrecht
104	*Heinz-Dietrich Wendland, Münster*	Der Begriff Christlich-sozial. Seine geschichtliche und theologische Problematik
105	*Joh. Leo Weisgerber, Bonn*	Grundformen sprachlicher Weltgestaltung
106	*Herbert von Einem, Bonn*	Das Stützengeschoß der Pisaner Domkanzel. Gedanken zum Alterswerk des Giovanni Pisano
107	*Kurt Weitzmann, Princeton (USA)*	Geistige Grundlagen und Wesen der Makedonischen Renaissance
108	*Max Horkheimer, Frankfurt (Main)*	Über das Vorurteil
109	*Hans Peters, Köln*	Das Recht auf die freie Entfaltung der Persönlichkeit in der höchstrichterlichen Rechtsprechung
110	*Sir Edward Fellowes, K. C. B., C. M. G., M. C., London*	Die Kontrolle der Exekutive durch das britische Unterhaus
111	*Ludwig Raiser, Tübingen*	Die Aufgaben des Wissenschaftsrates
112	*Mario Montanari, Imola/Bologna (Italien)*	Die geistigen Grundlagen des Risorgimento
113	*Josef Pieper, Münster*	Über das Phänomen des Festes
114	*Werner Caskel, Köln*	Der Felsendom und die Wallfahrt nach Jerusalem
115	*Hubert Jedin, Bonn*	Strukturprobleme der Ökumenischen Konzilien
116	*Gerhard Hess, Bad Godesberg*	Die Förderung der Forschung und die Geisteswissenschaften
118	*Walther Hubatsch, Bonn* *Percy Ernst Schramm, Göttingen*	Die deutsche militärische Führung in der Kriegswende (Das Kulminationsjahr 1943 – Das Ende des Krieges)

AGF-WA　　　　　　　　　　　　　WISSENSCHAFTLICHE ABHANDLUNGEN
Band Nr.
1   *Wolfgang Priester,*   Radiobeobachtungen des ersten künstlichen Erdsatelliten
    Hans-Gerhard Bennewitz und
    Peter Lengrüßer, Bonn
2   *Leo Weisgerber, Bonn*   Verschiebungen in der sprachlichen Einschätzung von Menschen und Sachen
3   *Erich Meuthen, Marburg*   Die letzten Jahre des Nikolaus von Kues
4   *Hans-Georg Kirchhoff,*   Die staatliche Sozialpolitik im Ruhrbergbau 1871–1914
    Rommerskirchen
5   *Günther Jachmann, Köln*   Der homerische Schiffskatalog und die Ilias
6   *Peter Hartmann, Münster*   Das Wort als Name (Struktur, Konstitution und Leistung der benennenden Bestimmung)
7   *Anton Moortgat, Berlin*   Archäologische Forschungen der Max-Freiherr-von-Oppenheim-Stiftung im nördlichen Mesopotamien 1956
8   *Wolfgang Priester und*   Bahnbestimmung von Erdsatelliten aus Doppler-Effekt-Messungen
    Gerhard Hergenhahn, Bonn
9   *Harry Westermann, Münster*   Welche gesetzlichen Maßnahmen zur Luftreinhaltung und zur Verbesserung des Nachbarrechts sind erforderlich?
10 *Hermann Conrad und*   Carl Gottlieb Svarez (1746–1798) – Vorträge über Recht und Staat
    Gerd Kleinheyer, Bonn
11 *Georg Schreiber †, Münster*   Die Wochentage im Erlebnis der Ostkirche und des christlichen Abendlandes
12 *Günther Bandmann, Bonn*   Melancholie und Musik. Ikonographische Studien
13 *Wilhelm Goerdt, Münster*   Fragen der Philosophie. Ein Materialbeitrag zur Erforschung der Sowjetphilosophie im Spiegel der Zeitschrift „Voprosy Filosofii" 1947–1956
14 *Anton Moortgat, Berlin*   Tell Chuēra in Nordost-Syrien. Vorläufiger Bericht über die Grabung 1958
15 *Gerd Dicke, Krefeld*   Der Identitätsgedanke bei Feuerbach und Marx
16a *Helmut Gipper, Bonn, und*   Bibliographisches Handbuch zur Sprachinhaltsforschung, Teil I
    Hans Schwarz, Münster   (Erscheint in Lieferungen)
17 *Thea Buyken, Bonn*   Das römische Recht in den Constitutionen von Melfi
18 *Lee E. Farr, Brookhaven,*   Nuklearmedizin in der Klinik. Symposion in Köln und Jülich
    Hugo Wilhelm Knipping, Köln, und unter besonderer Berücksichtigung der Krebs- und Kreislaufkrankheiten
    William H. Lewis, New York
19 *Hans Schwippert, Düsseldorf*   Das Karl-Arnold-Haus. Haus der Wissenschaften der AGF des
    Volker Aschoff, Aachen, u. a.   Landes Nordrhein-Westfalen in Düsseldorf. Planungs- und Bauberichte (Herausgegeben von Leo Brandt, Düsseldorf)
20 *Theodor Schieder, Köln*   Das deutsche Kaiserreich von 1871 als Nationalstaat
21 *Georg Schreiber †, Münster*   Der Bergbau in Geschichte, Ethos und Sakralkultur
22 *Max Braubach, Bonn*   Die Geheimdiplomatie des Prinzen Eugen von Savoyen
23 *Walter F. Schirmer, Bonn, und*   Studien zum Literarischen Patronat im England des 12. Jahrhunderts
    Ulrich Broich, Göttingen
24 *Anton Moortgat, Berlin*   Tell Chuēra in Nordost-Syrien. Vorläufiger Bericht über die dritte Grabungskampagne 1960
26 *Vilho Niitemaa, Turku,*   Finnland – gestern und heute
    Pentti Renvall, Helsinki,
    Erich Kunze, Helsinki, und
    Oscar Nikula, Åbo
27 *Ahasver von Brandt, Heidelberg*   Die Deutsche Hanse als Mittler zwischen Ost und West
    Paul Johansen, Hamburg
    Hans van Werveke, Gent
    Kjell Kumlien, Stockholm
    Hermann Kellenbenz, Köln

SONDERVERÖFFENTLICHUNGEN

Aufgaben Deutscher Forschung, zusammengestellt und herausgegeben von *Leo Brandt*
> Band 1 Geisteswissenschaften · Band 2 Naturwissenschaften
> Band 3 Technik · Band 4 Tabellarische Übersicht zu den
> Bänden 1–3

Festschrift der Arbeitsgemeinschaft für Forschung des Landes Nordrhein-Westfalen zu Ehren des
> Herrn Ministerpräsidenten *Karl Arnold* anläßlich des fünfjährigen
> Bestehens am 5. Mai 1955

Jahrbuch 1963 des Landesamtes für Forschung
> Herausgeber: Der Ministerpräsident des Landes Nordrhein-
> Westfalen — Landesamt für Forschung —

If you have any concerns about our products,
you can contact us on
ProductSafety@springernature.com

In case Publisher is established outside the EU,
the EU authorized representative is:
**Springer Nature Customer Service Center GmbH
Europaplatz 3, 69115 Heidelberg, Germany**

Printed by Libri Plureos GmbH
in Hamburg, Germany